デ ー タ ロ ボ ッ ト
DataRobotではじめる
ビジネスAI入門

シバタアキラ、中山晴之、小島繁樹、川越雄介、香西哲弥 著

シバタアキラ 監修

SHOEISHA

JN101964

はじめに

　本書は AI 自動化プラットフォームを利用した実用的な AI 入門書です。通常であれば長時間かかるプログラミングや専門的知識の習得を省き、それらの作業を最先端の自動化ツールに任せています。データ・AI 人材は世界的にも不足しており、日本ではさらに状況が悪いと指摘されています。一方で、ビジネスの現場を担う事業担当者の多くが Excel を使いこなすことができるように、非専門家が AI を活用していくことは既に DataRobot ユーザーの間では現実になり始めています。

　私が DataRobot 社でさまざまな日本のユーザー企業でのデータ活用・AI 導入をお手伝いするようになって数年経った頃、とある大企業のデータサイエンティストチームリーダーの方をボストンにある DataRobot 社の本社にお連れする機会がありました。その会社には 1 年ほど前から DataRobot を使った AI の民主化を進めており、幸いにも多数の AI プロジェクトが立ち上がり、業務においても活用され始めていました。その方がミーティングの最後に DataRobot 社の創業者、Jeremy Achin に直接伝えたいことがあるので、間違いのないように翻訳してほしいとお話していただいたことが今でも記憶に鮮明に残っています。

　「弊社にはそれなりの数のデータサイエンティストが在籍しており、以前からデータ・AI 技術の活用に取り組んで来ましたが、大きな成果を挙げられずにいました。DataRobot が導入されて、非データサイエンティストのビジネスパーソン達が AI プロジェクトに関わるようになって、大きな変化が現れました。彼らは自分達の周りにある課題をどうしたら AI で解決できるかを考え、自らの手でプロジェクトを実施するようになったのです。このような変化は私達がずっと以前から引き起こそうとして達成できていなかったことでした。」

今この本を手に取っている方達の中にはまだデータ・AI には興味を持ち始めたばかりで、入門的な知識を求めている方もいらっしゃると思います。もしくは既にデータ・AI の活用に取りかかってはいるが、思い描いていたような結果をまだ出せずにいる方もいらっしゃるでしょう。いずれの読者に対しても、本書は皆さんのビジネスにおける AI 活用のレベルを飛躍的に高めていくための入り口であり、「トリセツ」となるために書かれました。実際に今この本を手に取っている読者の方に、DataRobot という強力な AI 自動化プラットフォームを使って、自らの課題解決や新規ビジネスの創出に活用していただきたいのです。

　事業担当者がデータ・AI 技術の広い理解に基づいて、これまでとは違った新しい角度から課題解決に取り組めるようになるには何が必要なのでしょうか？　技術への興味や先端研究を取り入れながらも、時代の変化から生まれるリアルな課題解決にそれを応用し、実験環境から本番環境に導入していくことができるようになるためには、どうすれば良いのでしょうか？

　本書を通じて私達が皆さんと一緒に取り組みたいことは、このように新しいテクノロジーを使って、これまで解決できなかった課題を新しい角度から解決していくことです。AI、特に機械学習を既存プロセスの改善や、未解決のビジネス課題に適用する方法を実践していただきたいと思います。データサイエンティストなどの技術的実践者だけではなく、深いビジネス経験を持った事業担当者や、AI 推進のご担当者の方にも本書を手に取っていただき、データ・AI の活用ポテンシャルを広げるための方法論を身に付け、各企業で技術活用の最先端を実践していただけましたら幸いです。

2020 年 6 月吉日

DataRobot Japan　チーフデータサイエンティスト

シバタ アキラ

CONTENTS

PART 1　AI 利用者と推進者のための事前知識　1

DataRobot の紹介 ⌄

　DataRobot は世界で最も先進的なデータ・AI 活用自動化プラットフォームです。DataRobot を使えば、プログラミングなどの専門知識を持たないユーザーでも、シチズンデータサイエンティストとして AI 活用の最先端に立つことができます。社内のさまざまなデータから AI アプリケーションを構築し、企業のデジタルトランスフォメーションを大幅に加速することができます。

　DataRobot のエンタープライズ AI プラットフォームには、4 つの製品が用意されています。それぞれに独立した製品ですが全体的に統合して利用することを前提としています。

- Auto ML（Automated Machine Learning）：
  優れたインターフェースと世界有数のデータサイエンティスト達の知識を結集させ、高度な機械学習モデル構築に求められるすべてのプロセスを自動化してくれる DataRobot のコア製品。本書で主に取り上げる製品となります
- Auto TS（Automated Time Series）：
  Auto ML の全機能を時系列データに適用
- ML Ops（Machine Learning Operations）：
  機械学習モデルを本番環境でデプロイ、監視および管理するためのプラットフォーム
- Data Prep（Data Preparation）：
  多様なデータを視覚的かつインタラクティブに探索、統合、クリーニング、整形して、誰でも簡単に AI 活用に最適な形に前処理することを可能にします

DataRobot の試用 ⌄

以下の Web サイトからトライアルを申し込んでください。
- トライアル申し込みサイト
  `URL` **https://www.datarobot.com/jp/lp/trial-book/**

本書の対象読者について

　本書は、機械学習の自動化を行う DataRobot を利用して、自社データを使った予測モデルの生成と実装を体験してもらうことを目的とした書籍です。

- ビジネスアナリスト：現在 Excel、BI、SQL などを使って簡単なデータ分析をしているビジネスパーソン
- マネジメント層：「AI で何かやれ」ではなく、最低限の AI の知識を持って技術者と話せるようになりたい中間管理職の方
- エンジニア：統計分析の素養のあるソフトウェア・ハードウェアエンジニアで、モデル化した後の作業は何かしらのツールに任せたいと考えている方

本書のサンプルのテスト環境

OS：Windows、macOS
ブラウザ：Google Chrome
ブラウザのバージョン：83.0

本書の表記

　本書では、手順解説部分の図番号は省略しています（一部除く）。

　また、本書の参照表記は、(Part 番号) - (Chapter 番号) - (Section 番号)「タイトル」で表記しています。

　Chapter のない Part 1 の場合は、(Part 番号) - (Section 番号)「タイトル」で表記しています。

本書の構成

本書は 3 つの Part から構成されています。

- ・ Part 1：AI 利用者と推進者のための事前知識
- ・ Part 2：DataRobot の使い方
- ・ Part 3：ビジネス課題への応用方法

　Part 1 では深い技術的知識を持っていなくても AI を利用・推進していく上で必須となる事前知識をまとめました。特に Section 2 では AI の技術的詳細はわからなくても、単にブラックボックスとして使うのではなく、外側からの検証によって解釈し、信頼性を高める方法を紹介しています。

　Part 2 では、まず DataRobot の使い方のおおまかな流れを説明した後、各章でそれぞれのステップを深掘りし、理解を深めていきます。何よりもまず使い方を知りたいという方は、Part 2 の Chapter 0 に進んでください。

　Part 3 では、Part 2 で学んだ基本的な使い方をよりリアルなビジネス課題に応用するための方法を学びます。特にテーマによって異なる必要データやモデリング・検証における注意点をまとめました。

製品の最新情報

　DataRobot の魅力の 1 つは、未だに速いペースで開発が行われており、次々と新しい機能が追加されていくことです。初期バージョンのリリース以来その開発スピードは留まるところを知らず、現在もクラウドバージョンではほぼ毎週アップデートが行われています。また、オンプレもしくはプライベートクラウドにインストールできるパッケージバージョンも、3 ヶ月に 1 回の頻度で更新されています。

　本書では 2020 年 5 月時点のクラウド版を利用しており、パッケージバージョンは v6.0 に相当します。

　製品の最新情報や、より応用的な利用方法に関しては、DataRobot ホームページ（http://datarobot.com/jp）および DataRobot オンラインコミュニティ（https://community.datarobot.com）が情報のハブになっています。DataRobot の利用においてわからないことや AI 活用に関する相談事などを、DataRobot 社およびパートナー各社のデータサイエンティストが答えてくれますので、登録をおすすめします。

サンプルファイルのダウンロードについて ⌄

付属データのご案内

付属データ（本書記載のサンプルコード）は、以下のサイトからダウンロードできます。

・付属データのダウンロードサイト

URL **https://www.shoeisha.co.jp/book/download/9784798166872**

> **注意** 付属データに関する権利は著者および株式会社翔泳社が所有しています。許可なく配布したり、Webサイトに転載したりすることはできません。付属データの提供は予告なく終了することがあります。予めご了承ください。

会員特典データのご案内

会員特典データは、以下のサイトからダウンロードして入手いただけます。

・会員特典データのダウンロードサイト

URL **https://www.shoeisha.co.jp/book/present/9784798166872**

> **注意** 会員特典データをダウンロードするには、SHOEISHA iD(翔泳社が運営する無料の会員制度)への会員登録が必要です。詳しくは、Webサイトをご覧ください。
> 会員特典データに関する権利は著者および株式会社翔泳社が所有しています。
> 許可なく配布したり、Webサイトに転載したりすることはできません。
> 会員特典データの提供は予告なく終了することがあります。予めご了承ください。

免責事項

付属データおよび会員特典データの記載内容は、2020年6月現在の法令等に基づいています。

付属データおよび会員特典データに記載されたURL等は予告なく変更される場合があります。

付属データおよび会員特典データの提供にあたっては正確な記述につとめましたが、著者や出版社などのいずれも、その内容に対して何らかの保証をするものではなく、内容やサンプルに基づくいかなる運用結果に関しても一切の責任を負いません。

付属データおよび会員特典データに記載されている会社名、製品名はそれぞれ各社の商標および登録商標です。

著作権等について

付属データおよび会員特典データの著作権は、著者および株式会社翔泳社が所有しています。

個人で使用する以外に利用することはできません。許可なくネットワークを通じて配布を行うこともできません。個人的に使用する場合は、ソースコードの改変や流用は自由です。商用利用に関しては、株式会社翔泳社へご一報ください。

2020年6月

株式会社翔泳社 編集部

本書の内容に関するお問い合わせについて

このたびは翔泳社の書籍をお買い上げいただき、誠にありがとうございます。

弊社では、読者の皆様からのお問い合わせに適切に対応させていただくため、以下のガイドラインへのご協力をお願いいたしております。

下記項目をお読みいただき、手順に従ってお問い合わせください。

ご質問される前に

弊社 Web サイトの「正誤表」をご参照ください。これまでに判明した正誤や追加情報を掲載しています。

正誤表 https://www.shoeisha.co.jp/book/errata/

ご質問方法

弊社 Web サイトの「刊行物 Q&A」をご利用ください。

刊行物 Q&A https://www.shoeisha.co.jp/book/qa/

インターネットをご利用でない場合は、FAX または郵便にて、下記翔泳社愛読者サービスセンターまでお問い合わせください。電話でのご質問は、お受けしておりません。

回答について

回答は、ご質問いただいた手段によってご返事申し上げます。ご質問の内容によっては、回答に数日ないしはそれ以上の期間を要する場合があります。

ご質問に際してのご注意

本書の対象を越えるもの、記述箇所を特定されないもの、また読者固有の環境に起因するご質問等にはお答えできませんので、予めご了承ください。

郵便物送付先および FAX 番号

送付先住所 〒 160-0006　東京都新宿区舟町 5

FAX 番号 03-5362-3818

宛先 （株）翔泳社 愛読者サービスセンター

※本書に記載された URL 等は予告なく変更される場合があります。
※本書の対象に関する詳細は ix ページをご参照ください。
※本書の出版にあたっては正確な記述につとめましたが、著者や出版社などのいずれも、本書の内容に対して何らかの保証をするものではなく、内容やサンプルに基づくいかなる運用結果に関しても一切の責任を負いません。
※本書に掲載されているサンプルプログラムやスクリプト、および実行結果を記した画面イメージなどは、特定の設定に基づいた環境にて再現される一例です。
※本書に記載されている会社名、製品名はそれぞれ各社の商標および登録商標です。
※本書の内容は、2020 年 5 月から 6 月執筆時点のものです。

PART 1

AI 利用者と推進者のための事前知識

PART

1

企業におけるデータ・AI をとりまく環境の変化

国内企業における AI 推進状況

　日本に限らず、データ・AI の活用を推進していこうという動きは企業において大きく注目されていますが、その推進のステージは企業によってまちまちです。推進の初期段階では多くの人がまだ懐疑的で、足を踏み入れることに戸惑います。まずは 1 つ何かテーマを決めて PoC（Proof of Concept）をやってみようというところからスタートし、結果が良ければ少しずつその活動を広げていくというのが一般的です。その際にはデータサイエンティスト（DS：Data Scientist）等の専門家や、**デジタルトランスフォーメーション**（DX：Digital Transformation）を専門にした推進部隊が組成され、データ・AI 活用を加速させようとしますが、ここで人材の壁にぶつかります。既存のデータサイエンティストは数が少なく、できることには限りがあります。非データサイエンティストは技術力が低く、AI 活用のプレーヤーにはなれません。この状況を打開するために必要とされているのが、技術の**民主化**により AI を扱う敷居を下げてくれるプラットフォームです。これにより、既存のデータサイエンティストも、今までは AI 活用に加われなかったビジネスアナリストやエンジニアなども企業活動の AI 化に加わることができます。このようにして、非データサイエンティストがデータ・AI 活用に加わるようになると、会社のあらゆるところでデータドリブン、AI ドリブンな課題解決が行われるようになります。このような企業は、技術導入を広範囲に実現した **AI ドリブン企業**と呼ばれています。

　「はじめに」の冒頭で触れた企業は、DataRobot の導入により、データサイエンティストチームだけにプロジェクトの集中しているステージから AI 民主化のステージへと駆け上がりました（図 1.1.1）。それにより、技術活用のレベルが飛躍的に高まり、高い ROI（Return On Investment）を実現したのです。

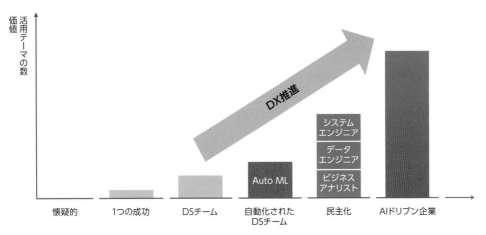

図 1.1.1：企業におけるデータ・AI 活用ステージの推移

データから価値創出までのステップを自動化 ∨

　DataRobot は過去データから予測可能なモデルの生成を自動化する（Auto ML：Automated Machine Learning）だけでなく、入力データの準備（Data Prep：Data Preparation）や実運用化後のモデルの監視や管理（ML Ops：Machine Learning Operations）といった AI 利用に必要なサイクルをエンドツーエンドで自動化するプラットフォームを提供しています（図 1.1.2）。特に、Auto ML はより精度の高いモデルを構築するためのアルゴリズムのチューニングなど、技術的難易度の高いプロセスを自動化してくれます。本書では、DataRobot のプロダクト群の中でも中核的な Auto ML を中心に取り扱います。

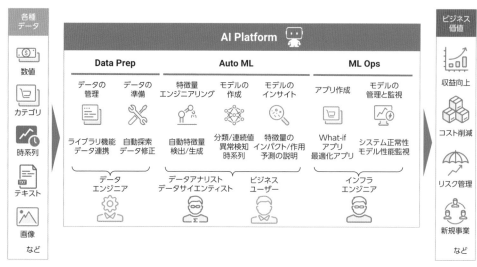

図 1.1.2：DataRobot 社の提供するエンドツーエンド AI プラットフォーム

　日本で DataRobot の AI ビジネスを展開する中で気付いたことは、まず日本人は最新技術が好きだということです。多くの人が最新の技術動向を追っていて、またメディアもそれに追従するように発信しています。中には熱心に勉強をしていて、既に AI 関連技術に詳しい方にも会う機会が多々あります。このような部門の方々に DataRobot（図 1.1.3）のような先進的かつ誰でもすぐに使える製品を紹介すると、非常に強い興味を示されます。

　「これがあればすぐにでも自社の AI 活用が始められる」

　「これまでデータ・AI 人材獲得に頭を悩ませていたけれど、これがあれば解決できる」

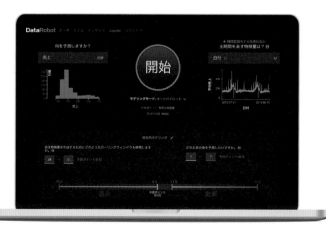

図 1.1.3：DataRobot の画面 - DataRobot 社はプログラミングせずクリックだけで自社データから AI モデルを生成できる AI プラットフォームを提供している

一方で、好意的な反応ばかりとは限りません。特に自ら Python などのツールを使って機械学習モデルを組んでいるようなデータサイエンティストの方からは、

「DataRobot ができることは限られていて、やはり人間のデータサイエンティストにはかなわない」

「こういうことは AI 技術を深く理解したデータサイエンティストが行わなくてはならない」

などのコメントが出ることもあります。

DataRobot の製品は現在データサイエンティストだけが行える仕事の多くを自動化してくれるので、このように、一部のデータサイエンティスト達には危機感や対抗意識を持たれてしまうことがあります。その裏側には、このようなツールが導入された時の自分達の役割に不安をいだいているケースもあるようです。実際のところ、このような心配には及ばないと筆者は考えています。後述するように、現在どの企業においても扱うデータ量の増加に伴ってデータサイエンティストは圧倒的に足りていない状況が続いており、この傾向はこれからも続きます。また、AI 技術応用の可能性は引き続き速いスピードで進んでおり、自動化ツールだけでは解決できない新しい課題も現れてきています。そうした状況を踏まえると、データサイエンティストには、データサイエンティストにしかできない課題に注力して、自動化できるところは自動化する**自動化ファースト**な姿勢が今、求められているのではないでしょうか。

AI 人材の壁は日本において特に大きな問題

このような背景もあり、数年前から AI 教育の重要性が世界中で叫ばれるようになってきました。データ・AI の使い方を身に着けたデータサイエンティストは、その希少性から**ユニコーン**とまで呼ばれる存在で、日本でも多くの企業が既存の報酬システムに例外を設けた高給待遇での採用を加速しています。特に日本においての取り組みは、アメリカよりも 2 つの点で難易度が高くなっています。

1 つ目は技術人材の分布が圧倒的に IT サービス企業（SI やコンサルティング）に偏っているということです。10 年前の調査になりますが、図 1.1.4 に各国の IT 技術者数の比較があります。

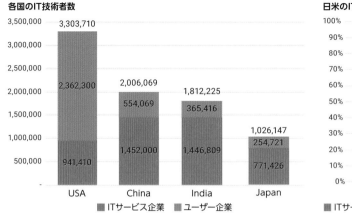

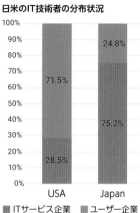

出典：各国統計資料(米国労働省、労働統計局等)公知情報(NASCOMM, アジア情報化レポート、IPA IT人材白書 2010)、「ガートナー/Enterprise IT Spending by Vertical Industry Market, Worldwide, 2008-2014,2Q10 Update」の内部サービスコスト、および「平均給与単価」に基づく推計値

図 1.1.4：日本および諸外国における IT 人材の数と分布

　アメリカでは 7 割の IT 技術者は事業会社で働いているのに対し、日本では 75％以上の人材が IT サービス企業で働いています。なぜこれが大きな問題かというと、データ・AI の活用はデータの存在している事業会社の中においてこそ本領を発揮できるからです。これについては後述しますが、このような背景を受けて、多くのデータサイエンティストが IT サービス企業から事業会社に転職するケースも増えてきました。そこでは外部の会社では扱うことのできないさまざまなデータを分析する機会に恵まれているからです。そのようなデータサイエンティストの方々の転職先は、以前は金融サービス関連会社が多かったのですが、最近ではあらゆる業界で見られるようになってきました。

　もう 1 つの問題は、データ・AI 人材の絶対数の少なさです。日本の IT 技術者の数は、日本の 3 倍以上いるとされているアメリカに遠く及ばず 100 万人程度とされています。その中でもデータ・AI を扱える人材はごく一部で、アメリカとの比較においてはさらに悪い状況だと、筆者も自らの経験から痛感しています。データ・AI 人材不足のより詳細な分析と今後に向けた施策は重要な課題です。詳しくは安宅和人氏の『シン・ニホン』（News Picks Publishing、2020 年）に書かれているため、一読をおすすめします。

　上記の背景から、本書執筆時点においては、価値のあるデータを保有している、もしくは保有しうるような事業を提供している日本の事業会社には圧倒的な人材不足が発生しています。仮にデータサイエンティストがいたとしても、そのチームが解決できる問題はごく一握りで、企業が思い描くようなデータ・AI で会社をトランスフォーメーションさせるような活動につながっているケースは、ほとんど聞きません。

シチズンデータサイエンティストのインパクト　⌄

　2012 年に DataRobot がアメリカのボストンで創業した時、同社の創業者 Jeremy Achin と Tom de Godoy が思い描いていたのはまさにこのような課題の解決です。ここ 20 年ほどでのデータ・AI 技術の発展はめざましく、その解決できる課題の種類や、実際の応用事例も多岐にわたってきました。この技術を一部のデータサイエンティストの人々だけでなく、あらゆる人が使えるようにすることで、種類・量ともに今までよりもはるかに多くの問題解決に応用することができるようになると考えたのです。今までには思いもよらなかった課題の解決に、この技術が応用されることも出てくるでしょう。私がこの製品を見た時に感じた驚きも、同じ未来を想像して感じたものでした。

　2016 年に米ガートナー社は**シチズンデータサイエンティスト**という概念を提唱しました。今まではデータサイエンティストしか行うことのできなかった AI を含む高度なデータ技術利用を、専門的な教育・訓練を受けていないビジネスパーソンでも利用できるようになることを指し、DataRobot をはじめとする技術の民主化によって、データ・AI 活用の裾野が大きく広がりつつあることを示しました。技術の民主化はデータ活用のあらゆるステップで進んでいます。データの管理、クリーニング・前処理、機械学習によるモデリング、予測結果の検証、モデルのデプロイ・実運用化など、データ活用がよりビジネスの中で密接に使われるようになるに伴い、より包括的なプラットフォームが必要とされています。

　また、技術の民主化はデータサイエンティストに代わってデータ活用を行う実務者となるシチズンデータサイエンティストにとどまりません。データ活用戦略の立案を担当する経営層、AI プロジェクトのプロジェクトマネージャー、データインフラを構築する IT エンジニアなど、あらゆる職種、職位の人たちがデータ・AI プロジェクトに関わります。本書で得られる知識、そして自らの手で一度はモデルを構築してみるという経験は、あらゆるビジネスパーソンにデータ・AI 活用技術を基本的なリテラシーとして身に付けていくことが期待されています。

SECTION 02 AI・機械学習の利用者にこそ求められる知識

　機械学習は奥の深い技術です。統計学、アルゴリズム、最適化やソフトウェアエンジニアリングなど、複数の学問領域と多分野における実践からの知見に基づいているだけあって、理論的・数学的理解も、歴史的な発展の逸話もとても興味深いです。これらについては既に多数の本が出版されており、特に「カステラ本」の愛称で親しまれている『統計的学習の基礎』(Trevor Hastie, Robert Tibshirani, Jerome Friedman 著、杉山 将 ほか監訳・翻訳、共立出版 、2014 年)はこの分野の教科書的存在です。

　しかし、AI を「利用する」方々が理解しないといけないことは、AI を「開発する」人たちとは根本的に異なります。この違いを理解しないでいると、頭でっかちに技術的知識を追いかけ、逆に実用的なノウハウを持たずに現場で失敗してしまうことになります。例えば、皆さんはほぼ毎日スマホを使っていると思いますが、スマホを自分で製造する知識を持っている人はいるでしょうか？　作り方を知っていることと、上手に使えるかどうかということはむしろあまり関係がないと言えるでしょう。もちろん仕組みを知っていることでさらにうまく使ったり、人にうまく説明できたりという利点はありますが、初心者はまず機械学習を「利用する」上で重要な知識にフォーカスして学んでいくことが大切です。

　中身が不明な技術を「ブラックボックス」として利用することに危機感を覚える方が多いのも事実です。まだ現実課題への応用の事例が多くない技術となればなおさらでしょう。一方で、同様のことが人間に関しても言えるのではないでしょうか？　人間は日常的にあらゆる複雑な課題や仕事の解決を行っていますが、人間の知能がどのような仕組みで成り立っているのか、その全貌が理解されるまでにはまだほど遠いのが現状です。本 Section では、それでも AI に信頼をおいて私達の仕事を部分的にでも任せていくために身に付けるべきことを見ていきます。

機械学習技術の位置付け

　AI 技術と一言で言っても、その種類は多岐にわたります。本書で取り扱うのは主に機械学習と呼ばれる技術です。人によってはチャットボットのように会話をできるシステムや、人間のように振る舞うシステムを指して AI と呼ぶこともあります。そのようなシステムがいずれ人間を

凌駕するシンギュラリティーという考え方について議論されることがありますが、そのような**汎用的人工知能**については別書に譲りたいと思います。例えば、Max Tegmark の『LIFE 3.0』（Max Tegmark 著、水谷 淳翻訳、紀伊國屋書店 、2019 年）などでは本テーマについて特に深い考察がされています。

　このような広い定義で用いられる AI の中で、機械学習技術は中核的な存在です。図 1.1.5 に示されているように、上記のような汎用的人工知能や、自動運転などの AI システムにおいても重要な要素技術で、近年話題になることの多い**ディープラーニング**技術は機械学習技術の中でも最先端に位置しています。

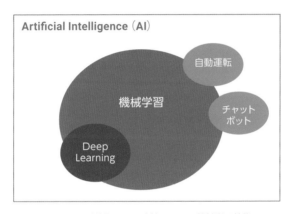

図 1.1.5：他技術との関連性における機械学習技術

　機械学習技術の革新的な点は、経験のある人間がその知見に基づいて手順を教えなくても、アルゴリズムが過去データから自ら傾向を学び、未知の状況に対する予測を実行可能なコンピュータープログラムとして提供してくれる点です。これを専門的には**モデル化**と呼びます。データ活用はデータの蓄積とデータの可視化（BI：Business Intelligence）によって、これまでは過去に起こった事象への理解を深めるために使われることが主流でした。データを見ることによって、経験的には捉えることの難しかったパターンなどを明示化できるようになります。そこからの学びに基づいて人間はより精度の高い意思決定を行うことができるようになるため、そのような活動の有用性は企業でも広く理解されるようになり、よりリアルタイムでデータを見るためのダッシュボード化などが進んでいます。AI の利用は BI の利用を否定するものではありません。むしろ、データを可視化することはデータ活用においてはとても基礎的な能力で、AI の活用以前にすべての企業で行われるべきことです。

　一方で、AI は上記で人間が行っていたデータに基づく先の意思決定をするプロセスまでを行ってくれるのです。つまり過去を理解するだけでなく、まだ見ぬ未来を予測してくれます（図 1.1.6）。

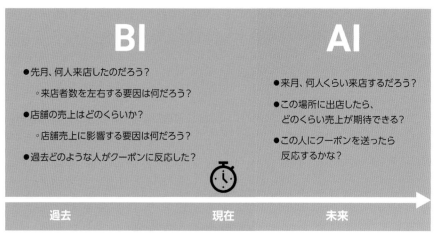

図 1.1.6：BI と AI（時間軸による比較）

◯ 店舗の来店者数の予測に機械学習を使う

　具体的な例として、明日の店舗別来店者数を予測することを考えてみましょう。従来型のデータの使い方としては、直近の来店者数、昨年同時期の来店者数、ここ数ヶ月の来店者数の伸びなどを可視化し、計画を行う熟練の担当者が「可視化したデータに基づくと来月はこれくらいの来客になるのではないか」という予測を行います。場合によっては、前述の要素を組み合わせてルール化された計算式があり、来月の来店者数は前年同月の来店者数にかかる係数などを、店舗の条件別に導き出しているかもしれません。このような計算式と条件式は機械学習モデルへの対比として**ルールベースモデル**などと呼ぶこともあります。実際にはこのようなモデルが明確に存在しているケースはまれで、現場の経験と勘で導き出されているようなことも多いのではないでしょうか？

　機械学習は同様の課題を解くために、過去の来店者数のデータを取り込みます。ただし機械学習が取り込めるデータの種類は人間が一度に取り扱える量よりもはるかに多く、また種類も多様です。予定しているマーケティング活動を過去に行った時の反応や、店舗の位置情報に基づく競合店舗の出店状況などを取り込んでデータに内在するパターンを抽出します。例えばその中には競合店が最近オープンしたエリアでのマーケティングは特に効果的である等のパターンがあるかもしれません。どのようにして最適なパターンを見つけるのかは、数ある機械学習のタイプによって大きく異なります。前述のように過去の売上に係数をかけるようなパターンを見つけるものや、人間には簡単に解釈できないものまで多種多様です。

　こうした発見パターンの集合体として生成されたモデルは、

- 人間が手順を示さなくてもアルゴリズムによって機械的に構築される
- できあがったモデルに「予測対象となる新しいデータ」を入れることで予測を行える

という点が特徴的です。「予測対象データ」とは、今回の場合は予想したい店舗の特徴と、将来の日付を含むデータです。具体的な内容は Part 2 以降で学んでいきますが、データ、アルゴリズム、モデル、予測の関係は図 1.1.7 のようにまとめることができます。

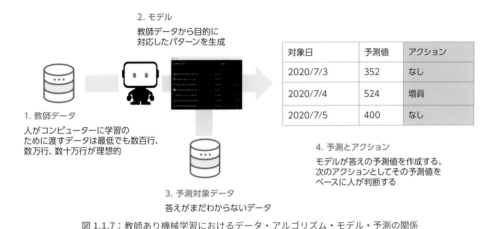

2. モデル
教師データから目的に
対応したパターンを生成

対象日	予測値	アクション
2020/7/3	352	なし
2020/7/4	524	増員
2020/7/5	400	なし

1. 教師データ
人がコンピューターに学習の
ために渡すデータは最低でも数百行、
数万行、数十万行が理想的

4. 予測とアクション
モデルが答えの予測値を作成する。
次のアクションとしてその予測値を
ベースに人が判断する

3. 予測対象データ
答えがまだわからないデータ

図 1.1.7：教師あり機械学習におけるデータ・アルゴリズム・モデル・予測の関係

ドメイン知識とデータ収集

データ・AI 活用の技術的障壁が取り除かれ、誰もが AI を使える時代に近づくにつれて、技術的情報以上に重要視されているのが、技術適用の対象となる事業や領域に対する知識・経験です。このような知識は**ドメイン知識**とも呼ばれます。事業内容を深く知っている人ほど、その中で取得されている、または取得可能となるデータに関しては土地勘を持っています。また事業の成り立ちや、関わる人達について知っているため、適切な課題の発掘や設定を行い、実用的観点から価値の高い技術利用ができるようになります。データサイエンティストであっても、時間をかけてドメイン知識を獲得することはもちろん可能です。ただしプロジェクトに関わる上で常にそれを意識しなければ、技術的に興味深いがビジネスインパクトに欠け、実運用化されないまま終わってしまうことも散見されます。

　AI が学習するためのデータはその質・量ともに AI 活用の成功を左右する重要な要因です。ただし、考えうるすべてのデータを収集するというのはそもそも不可能ですし、とにかくたくさんのデータを収集すれば価値のある AI ができるという誤った思い込みをしている方もいます。一

方で、どのような課題解決をしたいのか目的を設定した上で必要なデータを収集する、**課題ドリブン**なデータ収集は手堅い反面、革新的な事例に通じる可能性は低いとも言えます。

このようなジレンマを解決する方法の1つが、**データカタログ**の管理です（図1.1.8）。企業には、既にさまざまなところに（クラウド、ローカル、アプリケーション内など）いろいろな形で（データベースやファイルなど）データが存在していますが、多くの場合その存在はごく限られた「ドメインエキスパート（特定のドメイン知識を持った人）」だけが知っている状態です。データカタログとは、社内のあらゆるデータに関するデータ（メタデータ）を集約したものです。これを使うことで、社内のどこにどのようなデータがあるのかを見つけることができるようになり、データを軸にした AI 活用テーマの検討が可能になります。国内の事例としては先進的なデータ活用で知られるリクルート社において「メタルキング（"Meta Looking"から来ている）」というデータカタログが存在していて、同社でのデータ活用推進を加速しています。[1]

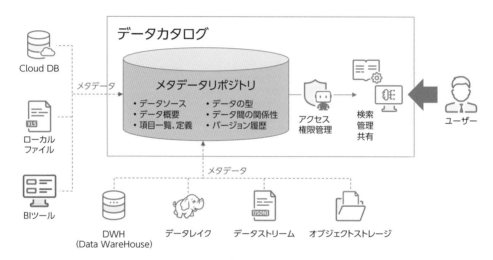

図 1.1.8：データカタログの管理

機械学習が解ける問題の種類

機械学習から出てくるアウトプットは、そのままでは人間の課題解決にダイレクトに使えないことがあります。また、現実に現れる課題と、人間の課題解決能力にもギャップがあることを認識する必要があります。滋賀大学教授の河本薫氏は、DataRobot の年次イベント、AI Experience に登壇された時、このギャップを図 1.1.9 のように表していました。

※1　出典：https://recruit-tech.co.jp/news/2016/20160225_PressRelease.html

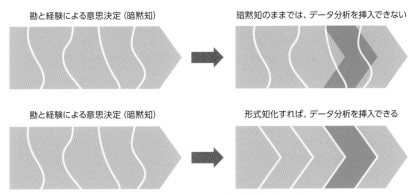

勘と経験による意思決定（暗黙知）　　暗黙知のままでは、データ分析を挿入できない

勘と経験による意思決定（暗黙知）　　形式知化すれば、データ分析を挿入できる

図 1.1.9：現実の課題と人間の課題解決能力の間のギャップ

　特に経験と勘によって暗黙的に課題解決や意思決定が行われている場合、そこにデータ分析の結果を挿入することはできないので、まずは一度現在どのようにして意思決定が行われているのかを**形式知化**していくこと自体が、データ活用課題の発見を行う力になると述べられていました。

　例えば、小売店ではどこでも発生する「商品ごとの発注数を決める」という課題に対して、コンビニの店長が、「この時期、冷やし中華弁当は結構売れるから、平日は冷やし中華弁当の発注を倍に増やそう」というような意思決定をしています。ところが店舗での取り扱い点数が多いため、すべての商品に対してしっかりとした発注数の決定ができていない、という課題を持ってデータ・AI による支援を依頼してきたとしましょう。そこでデータ分析担当者はこれまでの発注数履歴をもらい、それを予測するモデルを作りました。しかし、実際にはあまり精度を出すことができず、現場での利用には至らなかったということです。よくよく話を聞いてみると、発注の意思決定はいくつかの問題に分解できることがわかりました。

1. 時期に依存する売れ筋の季節性
2. 天候や祝日、近隣イベントの開催など、対象期間の特徴の把握
3. 店舗への来店者数の予測
4. それらに基づく製品ごとの予測販売数
5. その時点での在庫数に基づいた発注数の決定

　実際には発注数を直接予測するのではなく、店舗来店者数の見通しが立てば発注計画を立てる上で大いに役に立つ可能性がありました。つまり現在経験と勘で解決されている課題のどの部分に AI を当てはめるのが得策なのかを考え、意思決定の形式知化をすることによって、AI 技術の適切な挿入箇所を見つけられます。

　機械学習が解決できる問題は、大きく分けると次のタイプにまとめることができます。

● **教師あり問題**

・**分類問題**：

○ 正／負、True ／ False、Yes ／ No 等の二値分類問題

○ 複数の種類を当てる多値分類問題

・**連続値問題**（一般的に「回帰問題」とも呼ばれる）：

○ 連続的な数値を当てる問題

・このほか、ラベル付け、ランク付け、レコメンデーション等に特化したアルゴリズムがある。また分類・連続値で近似できるケースもある

● **教師なし問題**

・**異常検知問題**：

○ 今までに見たことのないような状態を見つける異常検知問題

・**クラスタリング問題**：

○ 観測データを類似度の観点から少数のグループに分ける問題

また、それぞれの問題に対して、時系列における予測を行うバリエーションが存在します。これらのデータは、学習に使われる入力データと、モデルの出力する予測値の特徴から、表 1.1.1 のように分類できます。

		予測対象ターゲットの特徴	
		カテゴリ値	連続値
入力データの特徴	**教師あり**	二値／多値分類	連続値問題
	教師なし	クラスタリング	異常検知

表 1.1.1：機械学習が解決できる問題の種類（DataRobot ではクラスタリングのみ未対応）

　教師あり・なしの違いは**学習データ**に求められる形式の違いです。二値分類や連続値問題を機械学習するには、本来ならばどの値であるべきなのかという答えのラベル・数値（**正解データ**）が過去データの中に存在している必要があります。何が正解なのかをアルゴリズムに示さなければ学習することができないのは人間とも似ています。

　一方で、異常値やクラスタリング問題においてはそのようなデータがなくても「見たことがないような状態になったら教えて」とか「似ているパターンを見つけてグループ分けして」という問題なので、正解データがなくても学習させることができますが、どの程度答えが正しいのかは一義的にテストすることができないため、精度の検証方法には工夫が必要です。

　Part 2 では実際にサンプルデータと DataRobot を使ってこれらの問題を解決していきます（クラスタリング問題は、DataRobot は未対応）。ここでは、それぞれの問題のタイプが実際のビジネスにおいてどのような課題に応用されるのか、表 1.1.2 にまとめました。

問題タイプ	非時系列ビジネス課題	時系列ビジネス課題
二値分類	購入しそうな顧客、解約予測	
多値分類	病気の診断、画像分類	**相転移予測、状態予測**
連続値問題	年収予測、損害額推定	需要予測、来店者数予測
異常値	不正検知、不良品判別	機械の故障検知、健康異常検知
クラスタリング	マーケットセグメンテーション 類似文書探索	

表 1.1.2：機械学習問題タイプと応用問題例のマッピング（DataRobot ではクラスタリングのみ未対応）

　表 1.1.2 内の赤色の部分は、よく使われる問題のタイプです。この表に示したとおり、すべてのタイプの問題が等しくよく使われるわけではなく、特に一時点での予測を目的とした分類問題や、時系列の連続値問題には実ビジネスで頻出するテーマが多く含まれています。また、これまで AI モデルのアウトプットを「予測」と呼んできましたが、実際には必ずしも未来の予測とは限りません。例えば不良品の判別や、故障の検知などは、現在の状態に対する「予測」ですし、損害額の推定などは、仮に未来において事故が起こった場合における「予測」となります。もちろん、将来の売上や、購入しそうな顧客を予測するなど、実際に未来予測をするケースも存在しますが、「予測」という言葉は機械学習において「まだ見ていない人や物、状況、将来」などに対して広く使われています。

　また、上記のいずれのテーマにおいても予測そのものよりも、その要因を理解したい、というケースが存在します。特に製造業では、できあがった製品が不良品なのかどうかを判別するよりも、どうしてそのような不良品が発生しているのかを知りたいという要望の方が多数あります。機械学習アルゴリズムによってはそのような要望に応えるためのインサイトを出力してくれるものもあり、DataRobot ではそのような機能を**グレーボックス**機能と呼び、その開発に力を入れています。これらの機能はこの次の節でも一部紹介し、Part 2 で実際に見ていきます。

AI にも苦手な課題は存在する

　さまざまな課題の解決に応用できる機械学習ですが、苦手なテーマや条件も存在します。例えば、次に出るサイコロの目を当てるような完全にランダムな問題の予測はできません。また一流のデータサイエンティストでも当てることの困難な地震や自然災害の発生などは、不可能ではないとしても機械学習にとっても非常に難易度の高い問題であることが多いため、それなりの覚悟をして取りかかる必要があります。

　また、AI の性能はデータの質に強く依存します。必要なデータがまだしっかり取れていない場合は、AI の精度にもそれが反映されてしまいます。仮に取得することができていても、その信頼性が低い場合などには、同様に精度に影響を与えます。また、予測対象がデータ上で極端に偏っている場合も問題です。例えば、購入する人かどうかを当てたい場合には、購入した人としなかった人、両方のデータが必要となりますが、購入した場合にしかデータが捕捉できない、というようなケースには問題があります。また両方のデータが取れていたとしても、まだ新製品のため購入した人が著しく少ない時などには、データの蓄積を待つ必要がある場合もあります。このような状況は「コールドスタート」と呼ばれています。

AI モデルの振る舞いと自らの期待値との比較

　AI モデルの中身の仕組みは理解が難しくても、その振る舞いや傾向を理解する手段は近年それ自体研究の対象で、大きく進化してきた分野です。ここで鍵になるのは、多くの場合機械学習も人間が知覚するのと同じパターンを見つけ出してくるということです。例えば図 1.1.10 に、DataRobot で売上予測を行った結果を示します。

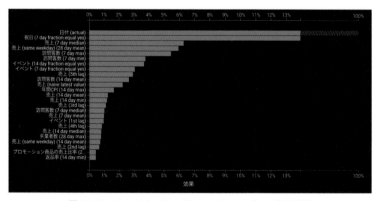

図 1.1.10：DataRobot による、とあるスーパーの売上予測

　図 1.1.10 は、とあるスーパーの 7 日分の売上予測を行った結果です。図 1.1.10 では、売上予測に影響のあるデータ項目を重要度の高かったものを 100%としてランク付けしています。それによると、下記のような項目が特に重要だということが示されています。

参照 詳しくは 2-0-7「モデルの解釈」（P.64）

- 予測対象の日付
- その日が祝日であるかどうか
- 過去 7 日間および 28 日間の売上
- 過去 7 日間の来店者数
- 直近 2 週間のマーケティングイベント

　この結果は多くの店舗担当者にとっても納得性の高いもので、これを見れば機械学習が捉えたパターンは自分の期待値に合っているという確認をすることができます。

　別の例で、今度はとあるオンラインストアでの休眠顧客化（サービスを使わなくなってしまう顧客のこと）の予測モデルから得られた結果を図 1.1.11 に示します。

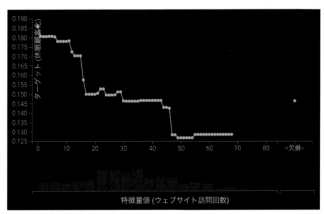

図 1.1.11：オンラインストアの休眠顧客化と、ウェブサイト訪問回数の関係を DataRobot の「特徴量ごとの作用」機能を使って可視化

　この予測においては、購入するかどうかに関わらずどれくらいサイトを習慣的に訪問しているかが重要なのではないかとの仮説のもと、学習データにそのようなデータ項目を入れました。この機能（特徴量ごとの作用）はその仮説が正しかったことを表しています。特に月間の訪問回数（15 回以上か 45 回以上か）が利用者の継続に大きく影響していることがわかり、これらの訪問回数を顧客ごとの KPI（Key Performance Indicators）として定め、日次のキャンペーン施策等のアクションにつなげました。このような非線形[※2]な関係性は、それまでの重回帰分析などでは

※2　入力値（特徴量）の変化に対して、出力値（予測値）が急激に変化したり、非連続的に変化すること。

モデル化が難しいため、機械学習の利用により予測精度が向上したことも解釈可能な形で提示されました。

　このようにして、AI モデルの振る舞いを可視化する手段は確立され、日々進化しています。上記 2 つの手法は、一般的なツールでは機械学習アルゴリズムの種類によって出力可能である場合とそうでない場合があるのですが、DataRobot はあらゆるアルゴリズムに対してこれらを計算可能とし、簡単な操作で表示することができるようになっています。

予測精度の測り方と、正しい検証方法

　機械学習アルゴリズムの学習結果は入力データの質・量に強く依存するため、必ずしも望んでいた精度の結果が出るとは限りません。まずはそのことに対して正しい期待値を持つこと（「AIならば超高精度の結果が出るだろう」などの前提をおかない）が重要です。また、実際に運用する際、どの程度の精度が出る見込みなのかをテストし、モデルを評価する必要があるのは、人間の教育においても授業の後に試験で評価が行われるのと非常に似ています。精度の検証には 3 つの種類があります。

1. 過去のデータで学習したモデルは新しいデータに対してどれくらい適用可能なのか
2. モデルが出した結果はどれくらい再現可能なのか
3. モデルの実運用化によって得られた結果はビジネスに対してどれだけ好影響があるのか

1. 過去のデータで学習したモデルは新しいデータに対してどれくらい適用可能なのか

　1 つ目の検証は、まず学習データとして用意したデータの一部をテスト用に残し、その部分を使わないで学習したモデルに対して予測させ、その結果を評価するものです。評価のためには連続値問題の場合は何%の誤差があるのか等の指標を使います。このような検証は DataRobot 上では自動的に行われますが、この評価はあくまで過去データに対して行われるため、テスト用のデータを特に最新のデータ箇所にするなどの注意をしたとしても理論値であることには変わりありません（図 1.1.12）。そのため、過去データでの検証では不十分と判断される場合には実運用化の前に検証期間を設け、モデル生成時点よりも先の未来に得られるデータの収集を待ち、そのデータに対する精度が過去データにおけるテスト結果と大きく変わらないことを確認するステップを踏むことも必要な場合があります。

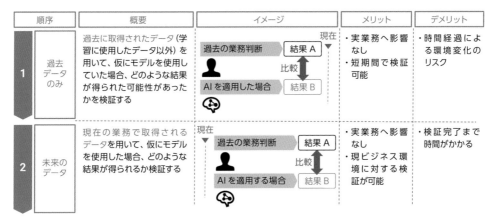

図1.1.12：過去データと実データを使ったモデルの精度検証方法

2. 特定の予測モデルが出した結果はどれくらい再現可能なのか

　2つ目の検証には、複数の機械学習アルゴリズムの比較が効果的です。たまたま1つのアプローチでいい精度が出ただけであれば、その結果はより注意深く検証する必要がありますが、複数のアルゴリズムの学習結果がある程度近しい結果を示しているのであれば、特異性によって不安定な結果が出ているとは考えにくくなります。DataRobotは多数の機械学習アルゴリズムを内蔵しており、あらゆるデータに対して複数のアルゴリズムを適用します。その結果を横並びで比較すると、いずれのアルゴリズムにも過度に依存せずに意思決定することができます。また、最終的には複数のアルゴリズムを組み合わせた**アンサンブルモデル**を使うことで、より安定した結果を得ることができるようになります。

　例えば、マーケティングキャンペーンの結果が利用者の増加にどのように効果があるのかを予測するモデルを作った結果が、図1.1.13になります。右側の2列がモデルの精度指標で、ここでは何％ずれているのかを表しています。この場合、全体として非常に精度が悪いということも問題（このようなテーマにおいてはよくある状態ではある）ですが、モデル間の精度の乖離が大きく、過去のデータを使った検証（**バックテスト**）もデータのどの部分を検証用に使うかによって大きく結果が異なっているため、モデルの結果を信頼できないことを表しています。

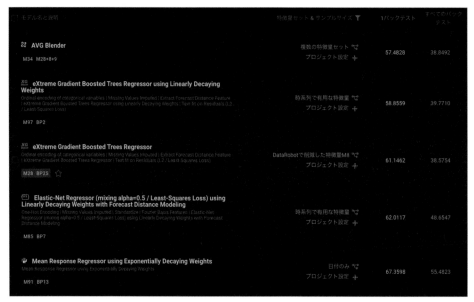

図 1.1.13：複数のアルゴリズムから作られたマーケティングモデルを DataRobot 上で横並び比較（モデル間での精度差が大きい場合）

3. モデルの実運用化によって得られた結果はビジネスに対してどれだけ好影響があるのか

　最後に 3 つ目として、これらの精度検証により、予測と実測値の乖離を評価できるようにはなりますが、それが事業に対する影響を直接的に示唆するとは限りません。例えばトレーニングジムの解約を防止したいので、解約率を予測するモデルを構築したとします。解約しそうな顧客は、多くの場合「利用頻度が少ない」、「安いプランで契約している」等の傾向から、精度が高く予測できることが多いのですが、解約抑止には直結しません。解約傾向の高い顧客を引き止める方法は必ずしも存在しておらず、実際には「頻繁に声をかけるようにする」等の方法しかなく、効果が限定的なものになることも多々あります。

　別の例として、コールセンターの需要予測から人員計画の精度を上げるテーマを考えてみましょう。需要予測は実際の需要よりも上振れまたは下振れする可能性がありますが、この 2 つの誤差がビジネスに与えるインパクトは非対称的です。図 1.1.14 は、そのような予実の比較を DataRobot 上で行っているところです。

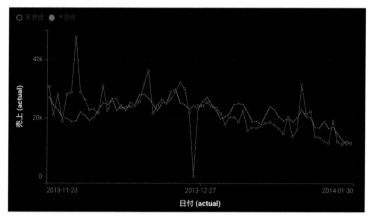

図 1.1.14：コールセンター需要予測の結果と実測を DataRobot 上で時系列比較

　実際の着信数よりも多く見積もっていた場合、無駄な人員を抱えることになりコストが増えます。一方で予測が下振れしていた場合、人員が足りないという状況になり、応答までの時間が長くなってしまいます。このような状況が発生すると、サービスに対する満足度が低下したり、評判リスクが生じることがありますが、インパクトの正確な見積もりを行うのは難しいところです。この場合は、既存の予測手法との比較により、より精度が高ければ利用する意思決定を行うこともよくあります。

AI プロジェクトの推進方法と、実運用化に向けた準備

　DataRobot は AI 利用における技術的プロセスの多くを自動化してくれますが、活用テーマを起案し、プロジェクトを推進し、ビジネス適用を行うための意思決定と実行主体は人間です。この全体のプロセスを、DataRobot では図 1.1.15 に示した 3 つのフェーズと 11 のステージで把握しています。

図 1.1.15：AI テーマの創出からビジネス適用に至るまでの推進ステージ

これらのステージは表 1.1.3 のように定義されています。

フェーズ	ステージ	ステージで行う具体的なアクティビティ
テーマ創出	1. アイデア	アイデアの創出 インパクト・実現性などの具体的詳細不明の状態
	2. 初期検討	インパクト・実現性・直アクション有無の検討とレビュー
	3. 詳細検討	詳細ヒアリング実施、スポンサーの承認、リソースアサインの合意、スケジュールの決定、利用データの合意
	4. 開始待ち	モデル構築ステージに進むことを意思決定
モデルの 構築と検証	5. データ準備	学習モデルに利用するすべてのデータ準備と加工
	6. モデリング	モデリングの実施、データセットの修正と再モデリングによる精度の向上 モデル精度がビジネス適用可能であることの確認
	7. 検証	インサイト・妥当性の確認と効果試算 ビジネス適用フェーズに進むことを意思決定
ビジネス適用	8. デプロイ	作成したモデルを利用可能な状態にデプロイ (API ／手動アップロードなど)
	9. 環境構築	アプリケーション、DB 連携、ファイル連携などシステム的な連携の環境構築
	10. 暫定運用	最終的な運用の構築に向けた現場導入の開始（手動運用、AB テストの実施など） 定常運用への意向を意思決定
	11. 定常運用	継続的な利用、効果測定 モデルのモニタリングと管理

表 1.1.3：AI プロジェクト推進の各ステージの定義

多くの企業において、AI の導入は初めての経験となるため、1 つのテーマを実運用化（ステージ 11）まで推進していく上で必要なアクションを事前に把握し、事前に問題を回避する策を考えることができます。実プロジェクトにおいて一番問題が発生する原因になるのが、意思決定者と運用部門（主に IT 部門）の巻き込み不足です。

◯ 意思決定者の巻き込み不足

意気揚々と始まった機械学習プロジェクトに、実は正式な人員がアサインされておらず、各メンバーが片手間で進めていたというケースにも時折遭遇します。強い熱意でデータ準備やモデリングのプロセスを乗り切れたとしても、ビジネス適用に進むかどうか（ステージ 8）は対象部門

のマネジメントクラスの意思決定者が行うことになっているケースが一般的です。意思決定者を最初から巻き込んでいないと、このような局面でそれまでの努力を正当に評価してもらえないケースや、そこに来るまでの工数対応（ステージ 5 〜 7）すら認めてもらえずにプロジェクトが頓挫してしまうというケースも見受けられます。

⦿ 運用部門の巻き込み不足

　データサイエンス部隊や、事業部門が主体となってデータ準備（ステージ 5）やモデリング（ステージ 6）を行い、検証の結果ビジネス適用フェーズに進める意思決定（ステージ 7）をしたとします。実運用化の手段はテーマによっても異なり、営業チームに訪問リストを渡すというような形であればモデリングを行ったチームでも対応することができますが、リアルタイムで予測を行うためのアプリケーションや社内システムとのインテグレーションを行う（ステージ 8 & 9）ためには、IT 部門を巻き込む必要があります。このようなことを事前に想定していないと、IT部門に依頼しても長期間の待ち時間が生じ、最悪対応してもらえないということになってしまいます。IT 部門を巻き込む必要のあるプロジェクトの場合は、プロジェクト開始初期（理想的にはステージ 4）から担当者をアサインしてもらうことで、このようなトラブルを防ぐことができます。

運用中のモデルの監視 ⌄

　機械学習は過去に収集された学習データにどうしても依存してしまうため、実運用開始後に学習データの取得された時期と大きく異なるような状況において、その精度を維持し続けることができない場合があります。例えば、提供サービスのマーケティング方針変更による顧客層の変化や、災害や不況等によって大きく市場環境が変化した場合等の外部環境の変化に加え、サービス・商材の仕様変更等の内的要因にも注意が必要です。そのような状況下においてモデルから出る予測値の安定性を検証するシミュレーション手法もありますが、一番重要なのは運用中のモデルの状態を管理・監視することです。そのような手法は **ML Ops**（Machine Learning Operations）と呼ばれ、AI の利用が急速に進む近年注目されている技術です。DataRobot においてもデプロイ・実運用後にモデルの精度・サービス面での異常発生の監視や、その兆候を早期に捉えるための ML Ops 製品を提供していますが（図 1.1.16）、本書においては取り扱い範囲外としています。

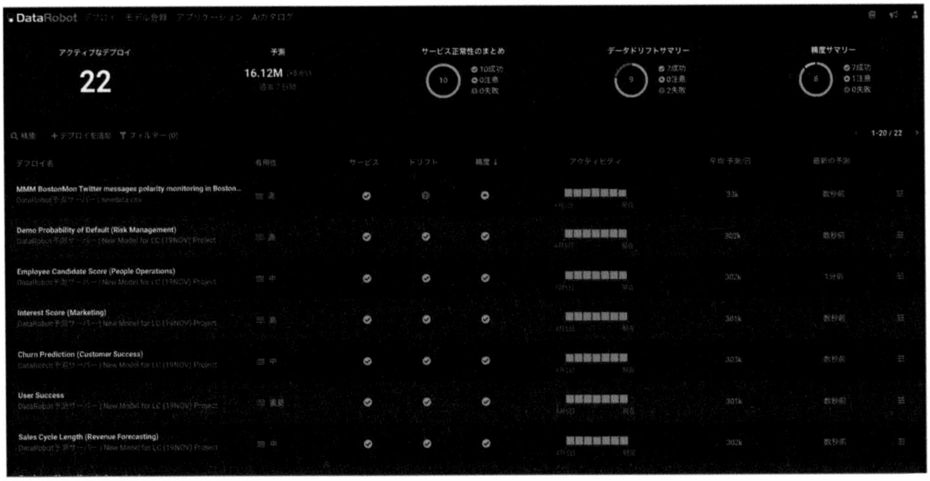

図 **1.1.16**：DataRobot の ML Ops 製品画面 - モデルの運用状況や精度の監視を行える

機械学習アルゴリズムの種類とその仕組み

DataRobot を使えば、機械学習アルゴリズムそのものに関しての知識は最小限で済むと述べてきましたが、本節では背景知識として少し技術的な内容に触れます。この節はスキップしても問題ありませんが、機械学習アルゴリズムは非常に興味深いものであり、技術的理解が深まれば、AI 活用の質を上げることができるでしょう。

ここでは一番シンプルな例として、スマホプランを解約してしまいそうな人を当てる、二値分類の問題を考えてみたいと思います。まずこの問題を、機械学習を使わずに、ルールベースのアプローチで解決してみましょう。

ルールベースのモデル

ルールベースのモデルとは、経験やビジネスの決まりごとに従ってルールを構築し、そのルールで導き出される値を将来の予測値とするモデルです。例えばスマホプラン解約においては、「契約年数が短くて、利用額が少なく、コールセンターに何度も連絡している人は解約しがち」というルールや、「契約期間が長くて、利用額が多くても、ガラケーの場合はスマホ移行の際に解約するリスクが高い」など複数のルールの組み合わせとなります。このアプローチではプロセスやロジックが明確で、関係者の合意を取りやすいことがメリットとして挙げられる一方、ルールが増えてくると複雑性が増し、生成・管理に工数が多くかかってしまうデメリットもあります。一般的にルールベースのモデルでは、複雑なビジネスプロセスにおける高精度な予測を行うことはなかなか難しいでしょう。

機械学習アルゴリズムによるモデル

では、機械学習アルゴリズムを使うと、どのような予測モデルとなるでしょうか。メリットとしては、データさえあれば複雑なロジックを組み合わせたモデルも同じ手間で作成できることが挙げられます。逆に言えば、データがない場合は、機械学習アルゴリズムによる予測モデルは作

成できません。ルールベースのモデルではデータがなくても経験やロジックでルールを作れますが、機械学習アルゴリズムはそれができません（表 1.1.4）。

	ルールベースのモデル	機械学習アルゴリズムによるモデル
メリット	・明確なルールであるため、ビジネス関係者の合意を取りやすい	・データさえあれば、複雑なロジックを組み合わせたモデルも同じ手間で作成可能
デメリット	・複雑なルールが多く、多様なパターンを構築すると、工数がかかる ・シンプルなルールで網羅できるパターンが少ないと、精度が低い	・データがないと作成できない ・アルゴリズム自体の理解には数学的な専門知識を必要とし、作成されたモデル自体にも解釈が難しいものが存在する

表 1.1.4：機械学習アルゴリズムによるモデル

それでは、機械学習アルゴリズムを使用して解約者を予測するためのデータを見てみましょう。図 1.1.17 に、赤と青で、過去データの中で実際に解約してしまった顧客と、継続してくれた顧客の分布を 2 つの特徴量（データ変数）について見ています。

図 1.1.17：解約顧客と継続顧客の分布[※3]

例えばここでは、これまでの累積利用額を X 軸に、コールセンターでの通話時間を Y 軸においていると考えます。図 1.1.17 の散布図を見ると、「利用額が少なく、コールセンターに何度も連絡している人は解約しがち」という、先程と同様の仮説を立てることができる分布になっています。この 2 種類の顧客を見分けるために、機械学習アルゴリズムを使ってどのようなことができるでしょうか？

◯ 回帰型アルゴリズム

回帰型アルゴリズムは、2種類の入力データを切り分けるまっすぐな境界面（決定境界）を見つけるようなアルゴリズムです。なお、本文中にあった「回帰問題」とは意味合いが異なるため注意が必要です。できあがったモデルは $y=ax+b$（a、b を係数と呼ぶ）というような1次関数で表すことができるため、非常に理解がしやすい点で優れている反面、シンプルな境界面しか引くことができないため、特に非線形な関係性が存在する場合には精度を高めることが難しくなります。回帰型アルゴリズムが見つけ出した境界面を示した図1.1.18においても、青と赤の両方に境界面の反対側に分類され誤判定されているケースがあり、現実にあるデータにおいてはさらに分類が難しいケースも存在します。

図1.1.18：ロジスティック回帰アルゴリズムが見つけた境界線[4]

回帰型アルゴリズムは非常に幅広く使われており、Excelを含めあらゆるデータ解析ソフトウェアに搭載されています。入力のデータが基本的に数値であり、値の振れ幅が同一の分布であることを前提としているため、データの前処理に多くの注意点がある場合や、多数の特徴量がデータに存在していて特徴量間の相関が高いような場合には、モデルが不安定になってしまうという問題があります。そのような問題を解決するために、正則化という手法が生み出されました。係数が不安定な値になることを防止するアルゴリズムとして、正則化付きロジスティック回帰やエラスティックネット等の発展した回帰型アルゴリズムが、データ項目の多い近年のデータモデリングにおいて特に多用されています。

◯ 木型アルゴリズム

木型アルゴリズムで最もシンプルなものは、決定木と呼ばれています。与えられた特徴量に対して条件を複数の条件分岐によって分割し、分割されたデータのグループに同一のラベルがより

多く存在するような条件の組み合わせを探しにいきます。図 1.1.19 ではこの条件分岐を図示しており、前述のルールベースのアプローチにも似た側面を持っていることがわかりますが、その構築手順はアルゴリズムによって最適化されています。

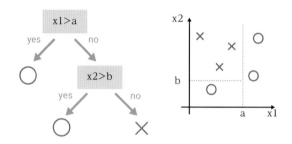

図 1.1.19：決定木が条件分岐によってデータをグループ分けする様子

　また、この種類のアルゴリズムは近年大きく進化してきました。決定木を複数作って組み合わせるアプローチとして古いものには、**ランダムフォレスト**というアルゴリズムがあります。このアルゴリズムでは、独立した複数の決定木を組み合わせて、多数決を行う形で精度を高めています。それぞれの決定木に含まれる条件分岐に使われる特徴量はランダムに選出されることからアルゴリズムの名前が由来しています。木型アルゴリズムは、回帰型アルゴリズムよりもはるかに複雑な境界面を定義することができ、多くの場合より高精度な結果が得られます。図 1.1.20 では、これまで見てきたデータに対してランダムフォレストが見つけた境界線を示しています。

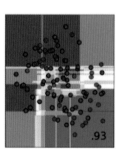

図 1.1.20：ランダムフォレストアルゴリズムが見つけた境界線[※5]

複数の決定木を使うアプローチをさらに進化させたのが、グレイディエントブースト（GBDT：Gradient Boosted Decision Tree）と呼ばれる種類のアルゴリズムです。このアルゴリズムにおいては、モデリングを繰り返し行う中で、モデルの誤差を縮小していくため逐次的に決定木を発展させたり、組み合わせたりすることで精度を高めていきます（図 1.1.21）。

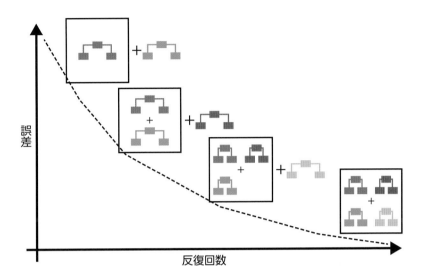

図 1.1.21：GBDT が逐次的に学習を繰り返し、精度を上げていく様子

GBDT は回帰型アルゴリズムに比べてデータの前処理の手間が少なく、数値だけでなくカテゴリ変数などもそのまま入力でき、かつ短時間で高精度のモデルを作り出すことができることから、近年では多くのデータサイエンティストがまず手を出すアプローチとなっています。LightGBM や XGBoost など各種のライブラリが開発され、モデル解釈のツールなども比較的揃っているため、さまざまなケースに幅広く適用されていますが、統計的解釈性を望む利用者からは回帰型アルゴリズムが好まれる場合もまだ少なくはありません。

⭕ ニューラルネットワーク

ニューラルネットワークは、近年大きな進歩を見せ、非常に注目されているアルゴリズムです。その基本的な構造はパーセプトロンという脳内のニューロンの活性からヒントを得た構造になっており、入力特徴量の値と出力値を重み付けによって関連付ける簡単な関係式で表しています。この構造体の最もシンプルな形は単純パーセプトロンと呼ばれています（図 1.1.22）。これは回帰型アルゴリズムにおける、$y=ax+b$ という関係式とほぼ同じことを示します。

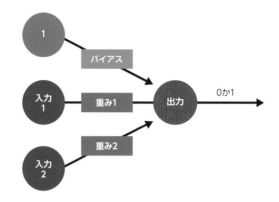

図 1.1.22：単純パーセプトロンの仕組み

　ニューラルネットワークの特徴は、この基本的な構造体を組み合わせ、無尽蔵に複雑なネットワークを構築することができる自由度の高さにあります。特に、入力データと予測値出力の間に「中間層」と呼ばれるレイヤーを持つ深層ネットワークを作ることによって、回帰型モデルでは表せない複雑な非線形の関係性のモデル化や、画像やシグナルなどの入力データを効果的に学習に利用することが可能になります。

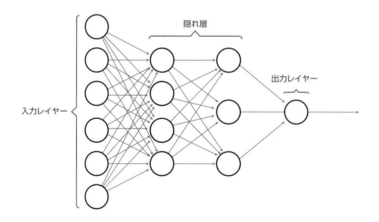

図 1.1.23：多層パーセプトロンの仕組み

　複数の入力特徴量から全結合された中間層を通って二値分類の予測を行うネットワークの例を、図 1.1.23 に表しました。3 つ以上のレイヤーからなり、各ノードが次の層の全ノードにつながっている、このようなネットワークを、多層パーセプトロン（MLP：Multi Node Perceptron）と呼びます。このような複雑なネットワークの機械学習には従来非常に大量のデータが必要で

あったため、ニューラルネットワークの利用は長い間進みませんでした。しかし、学習効率を大幅に上げる誤差逆伝播法等の手法や、MLP 以外にもさまざまなタイプの深層ネットワーク構造が開発されたことにより、ここ数年は機械学習界のトップスターにのしあがりました。依然として複雑な深層構造の学習には大量のデータが必要となることもあり、ほかのアルゴリズムよりも明らかに優位性のある用途の多くは画像やシグナルデータを入力として持つ特殊なケースですが、近年の研究によりその活用範囲は急速に広がりつつあります。

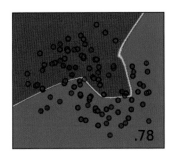

図 1.1.24：多層パーセプトロンが見つけた境界線[※6]

　図 1.1.24 は、多層パーセプトロンを使って見つけた解約予測データを分類する境界線を示しています。直線の組み合わせからなっているほかのアルゴリズムよりも複雑で自然な境界面を見つけられることがわかります。

⚫ その他のアルゴリズム

　この Section で紹介した機械学習アルゴリズムは、数あるアルゴリズムのごく一部に過ぎません。どのアルゴリズムが適しているのかは、データの特徴や予測しようとしている対象によって変わってくるため、これらのほかにもさまざまな目的で全く異なる理論に基づいたアルゴリズムが開発されています。それらをすべて把握し、データや課題に合わせて使い分けるのは経験のあるデータサイエンティストでも難しいでしょう。DataRobot を使えば、これらのアルゴリズムのほとんどを同時に実行し、横並びで比較することができるため、確実に最善のモデルを選び出せます。

※3 ※4 ※5 ※6　出典：scikit-learn Classifier comparison
https://scikit-learn.org/stable/auto_examples/classification/plot_classifier_comparison.html

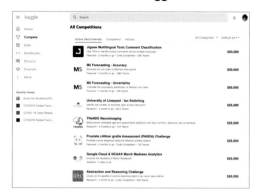

COLUMN

アルゴリズムの進化への大きな転機となった、Kaggle とは

図 1.1.25：Kaggle ホームページ上に並ぶ賞金付きコンペの一覧

　Kaggle（図 1.1.25）は 2010 年に設立された、世界で最も有名な機械学習コンペティション（以下「コンペ」）のプラットフォームです。Kaggle においては、スポンサー企業が分析課題とデータを提供し、参加者であるデータサイエンティスト、いわゆる Kaggler 達は精度スコアを競いながら分析を進め、予測モデルをブラッシュアップしていきます。

　コンペによってはスポンサーから成績上位者に賞金や採用面接の機会が与えられるなど、参加者をモチベートするさまざまな仕組みがあります。賞金額はコンペによってかなり幅がありますが、賞金総額が日本円で億を超えるような夢のある例もいくつか見られます。それ以上に参加者を強くモチベートするのが、コンペごとの順位に応じて与えられるメダルとその獲得メダルに応じて付与される Kaggle Master、Grandmaster といった名誉ある称号、そして Kaggle ランキングです。Kaggler 達はまるでゲームのように熱中してデータサイエンスを学ぶことができ、Kaggle 社とスポンサーはその過程でベストなモデルを得られるという、Kaggle は三方良しのゲーミフィケーションの興味深い例と言えるでしょう。

　Kaggle の競争の中では、Kaggler 達によって新たなモデリング技術が生み出され、あるいは研究者達が新たに生み出した技術を試す場としてもデータサイエンスの発展に貢献してきました。例えば、Stacking などのアンサンブル技術の実践面は Kaggle で発展してきた部分が多いですし、2014 年に公開されて今でも広く利用されている XGBoost なども、XGBoost 開発チームが自ら Kaggle の Higgs Boson コンペに参加して成果を上げつつ、普及を促進してきたこともライブラリの普及と無縁ではないでしょう。

　また、ディープラーニング研究の権威として知られるトロント大の Geoffrey Hinton 教授とラボのメンバーも、「Deep Learning の力を Kaggle コミュニティに見せるため」と 2012 年の Merck コンペに参加して見事優勝しています。余談ですが、この Geoffrey Hinton 教授らが優勝した Merck コンペでは、2 位に DataRobot 社の CEO の Jeremy と CTO の Tom、Chief Data Scientist の Xavier からなるチームが入賞しており、さらに 3 位にも DataRobot 社の Zach らがランクインしているなど、DataRobot 社にとっては今から振り返るととても面白いシーンです。

各業界における データ・AI の活用事例

SECTION 04

AI の活用はあらゆる業界に広く浸透してきています。今まではデータサイエンティストしかできなかった高度な経験を要する判断を、人間が行っていた時よりも高精度かつ速い速度で行うことができます。また既存業務の改善だけではなく、全く新しいビジネス価値を生み出す新規事業の創出にもつながっていきます（図 1.1.26）。本節では、国内で特に機械学習の活用が進む 4 つの業界について、データ・AI 活用を促している変化を理解しながら、具体的な事例を見ていきたいと思います。

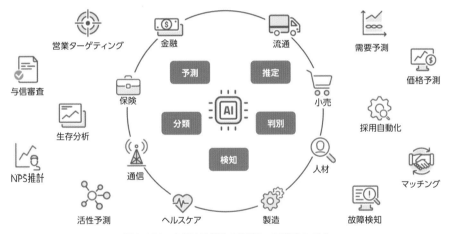

図 1.1.26：あらゆる業界で広がるコア業務の AI 化

小売・流通業 ⌄

◯ 業界の現状課題と AI への期待

小売流通業においては、生産人口の減少による人件費の増加に伴い、店舗の省人化や効率化が重要視されています。そのため無駄の少ないオペレーション遂行のために、必要リソースの正確な予測によるオペレーショナルコスト減が喫緊の課題となっています。

　豊富な品揃えと利便性を併せ持った EC は、年々着実に消費者に浸透してきています。消費者のニーズに合わせて EC とリアルの両チャネルにおける顧客接点のデータを統合し、全体としてスムーズな購買体験を提供するための手段を提供することが求められています。

　趣味にお金をかけるミレニアル世代やシェアリングエコノミーの発達による消費者の嗜好性やライフスタイルの多様化に合わせ、各々のニーズに合った幅広い商品を揃え、さらに AI を使った顧客別の最適化によって各顧客に適切なコミュニケーションを提供することで、ロイヤルカスタマー化できるようになることが期待されています。それによって、今後人口減による売上減少傾向の加速に対し、顧客単価の向上につなげていく必要があります。

　総じて見ると、データ・AI のユーザーになる方も、現場オペレーションを行ってきた経験は豊富であるものの、技術リテラシーが少ない方が多い業界です。また、現場が圧倒的に力を持っている場合が多いため、現場が納得する形でビジネス適用ステージに進めていく必要があります。外的要因としての景気の影響を受けやすい業界ですので、頻繁にモデル精度のモニタリングや検証を行うなどの仕組みも必要とされています。

● キーとなるデータ・AI 活用テーマ

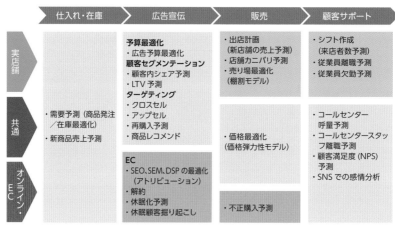

図 1.1.27：小売・流通業界における機械学習の活用テーマ例

　小売・流通業界における AI 活用テーマを図 1.1.27 にまとめました。まずこの業界における圧倒的なキーテーマは**需要予測**です。生産計画、材料調達、在庫管理、来店者数予測、着信数予測など、事業のあらゆる側面で需要予測が必要とされています。既に経験と勘に基づいてルールベースモデルが使われているケースも多いため、そのような箇所を AI モデルで置き換えることで、クイックウィン（短期的なビジネスインパクトの創出）を狙うことができます。売上や発注に関

するデータは、大概の場合一定期間は保管されており、データは既に存在しているケースが多いのもこのテーマの特徴でしょう。

その次に重要なのは、顧客の嗜好性をより正確に捉えた顧客ターゲティングです。特に ID 付き POS データや、オンライン EC におけるダイレクト販売チャネルでの広範囲なデータ収集によって、マーケティングキャンペーンやダイレクトメールの配信先を最適化することができます。前述のとおり、各チャネルのデータを統合したデータベースの構築はまだ十分に行われていない企業も多いため、チャネル単位での AI 適用から成功を積み上げていく方法を推奨します。

出店計画は、この業界における AI テーマとしてはうまくいくケースが多くおすすめできますが、昨今店舗を増やすよりも減らすことを目指している事業が多く、むしろ統廃合に役立つ AI 利用がないのかと相談を受けることが多くなっています。残念ながら統廃合は出店よりも難易度が高いテーマで、DataRobot でもまだ経験値の高い事例とまではなっていないのが現状です。

製造業

● 業界の現状課題と AI への期待

製造業においては、近隣諸国からの競争圧力もあり、技術革新による新たな競合優位性の確立が急がれています。特に関連の高い技術としては、センサーを製造機器に内蔵して IoT によるデータの収集を行うことで、製造プロセスを円滑化し、効果的に少量多品種、高付加価値の製品を大規模生産するための仕組みを構築することが期待されています。また、同様の IoT 技術を最終製品に組み込むことで、製品の利用時にインテリジェントな付加価値を提供し、故障を未然に防ぐための監視、診断、予兆の検出などを行うためにも AI の利用が注目されています。

センサーデータは短時間に大量に生み出されても、そこから価値ある AI の学習データに変換するための手法はまだ確立されているとは言い難い状況で、各社試行錯誤を行っている状況です。故障や不良品の検知においては発生頻度が非常に低いものが対象になると、教師あり学習の正解ラベルとしては量的に不十分となってしまうため、異常値検知モデルの活用が重要になってきます。前述のとおり、異常値検知モデルは検証の難易度が一段高く、使いこなしていくためにはより早く経験値を積み上げる必要があります。

日本の製造業は、小さな改善を現場レベルで積み上げることから大きな競争力を構築しているため、機械学習についても現場の技術レベルで活用できることが必須となります。特に R&D（研究開発部門）においては、既存人材のデータ・AI 技術の学習スピードが速く、人材面では他業界よりも恵まれていると言えます。同時に、業務においては改善につなげるために、予測そのものよりも要因の理解や根本の原因究明が重要となり、AI 利用による価値が生み出されるまでに

は時間がかかるケースも増えています。

● キーとなるデータ・AI 活用テーマ

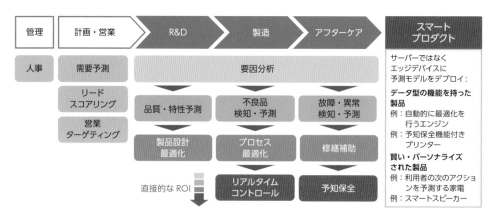

図 1.1.28：製造業バリューチェーンにおける機械学習の活用テーマ例

　製造業においても SCM（Supply Chain Management）における需要や供給の予測や顧客リードのスコアリング（優先順位付け）など、他業界でもよく見られるテーマの重要性は高く、特にB2B の製造業においては、営業先のターゲティングを AI 化するだけで 10 億円規模のインパクトを出すことができるようなケースも珍しくありません。

　この業界における AI 活用テーマを図 1.1.28 にまとめました。製造業に特化したテーマとしてはまず要因分析が挙げられます。製造後の品質や不良品かどうかを予測のターゲットとしたモデルを構築し、その予測精度に高く寄与している因子とその傾向を理解することで、今後の製造工程を変更していきます。特に歩留まりの悪い製造工程や、物理モデリングが難しいプロセス等においては特に効果を発揮します。オートメーションの進んでいる製造工程（例えば鉄鋼業など）においては、最終的にリアルタイムで製造パラメーターをコントロールすることで、製品 1 つ 1つに対して最適な製造条件を適用するような先進的な事例を生み出している企業もあります。

　上記のテーマに似たアプローチを製品設計段階、特に化学製品や材料物質の開発に適用することで、人間には見つけることのできなかった新物質の開発につなげていく**マテリアル・インフォマティクス**の取り組みも進んでいます。特定の物性（硬さ、重さ、色など）を予測のターゲットとし、さまざまな物質の開発実験結果から AI に学習をさせることにより、まだ実際には試作を行っていない物質に対してもその特性を予測できるようになります。そのようなモデルができた後に、さまざまな物質をコンピューターシミュレーションでバーチャルに生成し、特に良い特性を持つ物質候補を探索するアプローチを行います。未知の新物質を見つけるポテンシャルを持っ

たデータ活用方法は、数ある AI テーマの中でも特に価値が高いものだと言えるでしょう。

金融サービス業界

◯ 業界の現状課題と AI への期待

　金融業界においては近年業務効率化が大きな課題として取り上げられ、メガバンクをはじめとして多くの金融機関が業態変化や業務効率化による人員削減案を打ち出しています。特にテクノロジーの進歩によって、これまで対面中心だった業務がオンラインやモバイルに移行し、経験のあるデータサイエンティストだけが提供していた高付加価値サービスも Fintech 企業の参入に大きく影響を受けています。さらに近年は、キャッシュレスの波に乗ったペイメントサービス各社がしのぎを削ってユーザーの囲い込みを行っており、消費者の支払い行動に大きな変化が現れています。

　金融商材は本質的なサービスの差別化を行うことが難しく、特にオンラインのダイレクトチャネルの台頭によって、ニーズのある顧客にはどのプレーヤーも簡単にアプローチ可能な環境ができつつあります。一方、従来から与信判断や保険料率の決定などにおいては統計的モデリングのアプローチが行われている背景もあり、企業においてデータサイエンティストやそれに準ずる能力を持った専門家が社内にいるケースも多く、従来の金融機関も AI の活用によって成功する素地があると言えます。

◯ キーとなるデータ・AI 活用テーマ

　金融業界ではデータ・AI の活用の可能なテーマが多岐にわたります。与信判断や保険料率の決定などは、以前よりモデリングのアプローチが取られており、少し精度を上げるだけでも大きく直接的なインパクトを生み出すことができます。今までは限られた数の数値データだけでモデルが作られてきましたが、これからはテキストや画像なども含む幅広い**オルタナティブデータ**を活用することで、これまでよりも高精度に、かつこれまでは一部の顧客にしか提供できなかった融資、保険、資産管理サービス等をより広い対象顧客に提供できることが期待されています。

　しかし与信判断などのコア業務になるほど、モデルの判断ミスによるリスクへの懸念が大きく、プロセス全体がシステム化されていることもあって、最初から AI 技術で既存手法を置き換えるのはハードルが高くなります。よって、導入初期には解約リスクの予測に基づく抑止施策や、購入確率予測によるターゲティングなどの低リスクだが高いインパクトを出しうるテーマから始めることが求められます。また、損害額の査定や不正請求・取引の検出、コールセンターでの入電

予測などのオペレーション効率化は、社内の既存施策と連携しやすく、進めやすいテーマです。

　このようにリスクの低い営業・マーケティング・オペレーション系のテーマから、徐々に AI 利用への信頼度を高めてから、信用・リスク予測に関連する意思決定業務への AI 活用を目指していくのが定石です（図 1.1.29）。一方欧米では、金融機関における AI 活用に対して、倫理面や事業リスクコントロールの観点から一定のルールを設けるなどの動きが出てきており、そのような規制にも耐えうるアプローチを検討することが今後日本でも求められると考えられます。

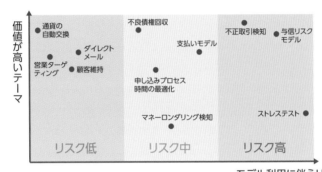

図 1.1.29：金融機関における機械学習の活用テーマ例とリスク・価値創出の一般的な評価

ヘルスケア

● 業界の現状課題と AI への期待

　日本のヘルスケアにおいては高齢化の深刻な影響が課題です。医師や専門技術者は不足の一途をたどり、より高い効率化が求められるでしょう。医療費が今後 10 年間で 1.5 倍になると見られている中、今後予防医療や健康促進の取り組みにおいて、データや AI の活用への期待が大きくなっています。

　製薬企業においては薬価改定や特許切れの波により、新薬へのニーズはさらに高まっているものの、新薬の創出が一層難しくなっているいる現実があります。コストのかかる実験に移る前に、膨大な候補化合物の中から活性のあるものを効率よく絞り込むことが必要とされています。製薬業界においては、営業マーケティング部門においてもコスト削減の圧力が強く、より効率の高い販売方法の確立が急務となっていることも、AI 利用へのきっかけを作っています。

　医療や創薬においては、データの量が少なく説明変数が非常に多い**横長データ**や**スモールデータ**が多く、そういったモデルを使った機械学習の利用は難易度が高くなります。製造業と同様に、

予測以上に要因分析や原因究明が重要視される分野であるため、データを基に得られるインサイトの再現性・信頼性が非常に重要です。よって、データに対する深い理解を持った現場の分析官が、高度なデータ活用技術を自ら利用できるようになることが特に求められている分野と言えるでしょう。

⬤ キーとなるデータ・AI 活用テーマ

創薬研究	臨床開発	製造	営業・販売	アフターマーケット

活性予測

ADMET 予測
・吸収(absorption)
・分布(distribution)
・代謝(metabolism)
・排泄(excretion)
・毒性(toxicity)

化合物探索
・活性と ADMET を最適化するような化合物を効率よく探索

臨床試験効果予測
臨床試験離脱予測
治験施設の品質予測
生存期間予測

物性予測
生産需要予測
設備故障検知・予測
不良品予測・要因分析
原材料最適化

売上予測
プロモーション効果予測
MR 施策立案・パフォーマンス分析
試薬出荷数予測

リアルワールドデータ分析
・適合予測
・副作用予測
・既存薬再開発

図 1.1.30：製薬業界における AI の活用テーマ例

　製薬業界においては既に多くの企業が R&D を中心に AI の活用を開始しています（図 1.1.30）。中でもニーズの高い活用テーマは候補化合物の活性や ADMET（薬が体内に入ってから排出されるまでのプロセス）を予測することによる高効率のスクリーニングや、モデルを使った「逆問題解決」のアプローチで、活性と ADMET を最適化するような化合物の探索が行われています。
　また、利用部門は全く異なりますが、営業関連部門における活用でもインパクトのあるテーマが多数あります。特に訪問説明の効果が高いと思われる医師や、処方対象患者の多い病院などに優先的に訪問をかけることで MR（医薬情報担当者）の生産性を大幅に向上できます。また、各製品の売上を予測することによって、営業マーケティング部門全体の予算配分を最適化することなどが可能になります。

予防・先制医療	診察・検査	治療	入院・退院

発病予測
ある疾患にかかる可能性が高い患者を未病段階で予測

患者別薬効予測
特定の治療・投薬の効果を患者個別に予測

医療費予測
健康診断や、前年の医療費情報から、次年の医療費を予測

診断の補助・自動化
より精度の高い診断や、医師の問診の補助を行う

画像診断支援
CT/MRI 検査、内視鏡検査などの画像診断を支援

治療方針決定支援
特定の治療を必要とする患者とそうでない患者を識別

治療後の予後予測
患者個別のケアプログラムを予測結果をもとに策定

入院患者数予測
ICU 等、特定の設備を必要とする患者の予測

院内感染予測
・敗血症や中心ライン関連血流感染 (CLABSI) にかかる患者を予測
・退院後の予後予測
・再入院確率の高い患者に、集中的にケアを行う

図 1.1.31：医療における AI の活用テーマ例

　一方で医療におけるデータ・AI 活用テーマも多岐にわたります（図 1.1.31）。健康診断のデータなどから、発病の可能性を事前に予測することで予防医療につながることが期待されています。実際にこのようなモデルを使い、健康増進型の健康保険などが実現しています。

　医師による診断そのものは AI が代わりに行うことはできませんが、診断の補助、特に画像診断や内視鏡検査などの大量の画像を技術レベルの高い技術者が確認しなくてはならないケースなどは、明確に AI の活用チャンスがあると言えるでしょう。また、治療後の予後予測などでも機械学習モデルの精度が十分に高いケースも出てきており、今後医師の治療選択の補助としても AI が使われる可能性があります。

　薬によっては効果が見込まれる患者が一部であるような場合、高い薬効が見込まれる場合にだけ処方を行うための予測モデルの利用などが現実化しています。近年では創薬データと発売後に医療で収集された**リアルワールドデータ**を組み合わせ、薬の利用傾向や予後、副作用を理解することによって既存薬の適切な利用方法の指導や、新たな疾患への有効性を見つけて既存薬再開発を行う等の可能性も期待されています。

AI 活用テーマ創出のフレームワーク

　新しい技術をどのように現実課題に応用するのか、それ自体に課題を感じ DataRobot 社にご相談をいただくケースも増えています。技術に大きな可能性を感じ、社内での推進を検討しながらも、これまでに社内での AI 導入を成功させたことがなければ、どこから手を付けていいのかわからないのは当然です。私達がここ数年で何百回と実施してきた「AI 活用テーマ創出ワークショップ」では下記の 5 つのステップでユーザー企業におけるテーマ創出を支援し、大きな成果を出しています。

1. 利用者として AI 技術の解決できる課題への理解を深める
2. 自社に近い業界からの前例を学ぶ
3. 自社における業務やプロセスを形式知化し、AI を適用できる箇所を見つける
4. 起案されたテーマのビジネスインパクトと実現可能性を評価する
5. 各テーマに実施優先度を付ける

　1、2、3、は Section 2 と 3 で見てきましたので、ここでは主にテーマの評価と優先度付けについてお話します。

⬤ 既存業務プロセスの AI 化検討

　このワークショップにおいては、何らかのプロセスが存在している既存課題を検証することで技術活用の機会を見つけます。上記のステップ 3 にもあるように、現状では明示的に説明されていないプロセスを形式知化することで、どこにどのように AI の意思決定をはめ込むかが明確になります。例えば、図 1.1.32 においては、設備データの監視に基づいてサービスチームが出動するプロセスの意思決定を AI で自動化する例を考えます。

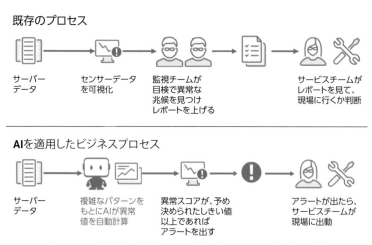

既存のプロセス

サーバー
データ

センサーデータ
を可視化

監視チームが
目検で異常な
兆候を見つけ
レポートを上げる

サービスチームが
レポートを見て、
現場に行くか判断

AIを適用したビジネスプロセス

サーバー
データ

複雑なパターンを
もとにAIが異常
値を自動計算

異常スコアが、予め
決められたしきい値
以上であれば
アラートを出す

アラートが出たら、
サービスチームが
現場に出動

図 1.1.32：異常値検出事例における既存プロセスと AI 適用後の比較

　これまでは人間の監視チームが目を光らせて異常な兆候を見つけていたところを AI で自動化し、予め決められたしきい値を超えた場合にサービスチームにアラートを出すという仕組みが考えられます。

● 起案テーマのビジネスインパクト評価

　このようなプロセスの形式知化[※7]と、AI のはめ込みは慣れてくればプロセス図を書かずとも想像できるようになるでしょう。また、同業他社の行っている事例からも自社で実施可能なテーマのアイデアを見つけることができます。そのようにして、自分の関わる業務や会社のほかの部署が行っている業務に関して、データ・AI 活用機会の候補を出していきます。当然その中にはインパクトが大きいと考えられるものから、インパクトの不明なものまでさまざまなものが含まれます。図 1.1.33 に示されているように、一般的には頻度が高く、課題を解決した時に生まれる価値が高いものほど AI の利用に向いていると言えます。

　例えば、今は経験と勘のある店舗担当者が行う需要予測など、ある程度専門性が求められる業務が当てはまります。一方で、入社した新入社員の中から将来の社長候補を見つける、などというテーマは価値は高いですが、頻度が低い問題となります。社長というのは企業においてそれほど頻繁に代わるものではないからです。そのような戦略性の高い意思決定においては、十分な学習データが揃わないことも多く、機械学習が苦手なテーマである可能性が高いです。また、AI の活用事例として、画像の分類などがよく出てきます。筆者が見たことのある中でも面白かったものは、「トイプードルと鳥唐揚げを見分ける」というテーマですが、ビジネスにおいてはこの

※7　文章、図表、数式等によって説明・表現できる知識。暗黙知に対する概念。

ようなテーマを解決しても価値は小さいのは明白です。面白いテーマや解決したいテーマ、インパクトの大きいテーマの中で適切なテーマを見つけましょう。

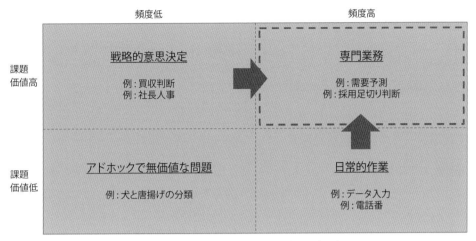

図 1.1.33：AI 活用に最適なビジネス課題の考え方

具体的にビジネスインパクトを概算するにはどうすれば良いでしょうか。以下の 5 つの視点を参考にしてください。

1. 現在、その課題の解決に、どれくらいの人が関わっているか
2. 現在、その課題の解決に、どれくらいの時間が使われているか
3. 現在、その課題の解決が、どれくらいの頻度で行われているか
4. 現在、その課題の解決に、どれくらいのコストがかかっているか
5. 現在、その課題の解決が、どれくらいの精度で行われているか

例えば、商品の発注担当業務の場合は、それぞれ以下のようになります。

1. 10 人（商品ごとに担当者が 1 人ずつ付いている）
2. 2 時間（先月の状況の確認）
3. 毎月 1 回
4. 過剰在庫になると余計なコストが発生する
5. 季節性があり、夏の需要を当てるのが難しい

　機械学習を使って課題を解決した場合に上記の指標がどうなるかを考えて、それが現在の値を上回ることができれば、その課題を機械学習で解決することが会社にとって重要であるということをきちんと数字で示すことができます。そうすると、上層部の承認も取りやすくなり、プロジェクトとしても進めやすくなるでしょう。

　一方で、ビジネスインパクトは必ずしもすべて定量的に表現できるとは限りません。会社の戦略とのアラインメントや、スポンサーからの強い意志、定性的なインサイトの価値などの側面も忘れずに含めることで、テーマの重要性を総合的に評価できるようになります。

● 起案テーマの実現可能性評価

　複数の AI 活用候補テーマをインパクト順に並べたところで、今度は実現可能性の検討が必要です。実現可能性をプロジェクトの初期段階で理解しておくことで、うまくいかない可能性のあるテーマを避け、事前にリスク回避のためのアクションを取ることができるようになります。データ・AI 活用テーマの実現可能性は、下記の 5 つのポイントに留意します。

スポンサー

　AI 活用に限りませんが、せっかく開始したプロジェクトも、スポンサーの支持がなければ十分なリソースを付けてもらえなかったり、結果を正当に評価してもらえなかったりする可能性があります。

データ準備

　データがまだ存在していない場合は、これからデータを取りに行っても思い通りのデータが取れないリスクがあります。また、存在していたとしても、準備に大きな手間がかかるなどの場合にはその工数を評価する必要があります。

モデリング

　既に人間がある程度の精度で行っていることであれば、AI でもそこそこの精度を見込めますが、かつて誰も成功したことのない難易度の高い問題であれば、AI を使った場合でもリスクがあることを認識しましょう。

ビジネス適用

　モデルができて結果が評価されたとしても、現場が必要性を感じていなければ結果的には利用されなくなってしまいます。例えば、営業先の優先順位付けを行う営業ターゲティングのモデルを作っても、営業チームに使うことを拒まれてしまっては、インパクトのある成果は実現しません。

運用サポート

　長期間にわたってモデルを利用していくためには、モデルを作った人の手を離れ、IT部門などの運用を専門に行う部門への引き渡しが計画できていることが理想的です。これを決めずになんとかなるだろうと思っていると、継続性には大きなリスクが伴います。

● 各テーマの具体化と優先順位付け

　上記のような評価軸で各テーマのビジネスインパクトと実現可能性を評価し、実際のワークショップにおいては図1.1.34のようなシートに記入することで具体化していきます。

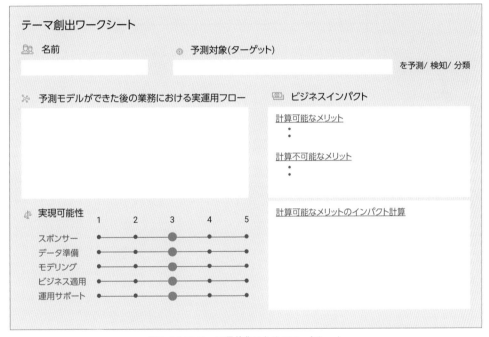

図1.1.34：テーマ具体化のためのワークシート

　一般的にはインパクトの大きいテーマほど実現の障壁が高くなってくる傾向はありますが、2つの軸から同時に検討することで、テーマの実施優先度を決めることができます。図1.1.35では、この2つの軸の上に各テーマを配置したところを示しています。右上に来たテーマほどクイックウィンを狙える早期実施対象テーマと考えることができます。また実現可能性は低いがインパクトが高いテーマの中には、実現可能性を下げている要因に対処し、中長期的に取り組むべき課題と位置付けることもできるものもあるでしょう。

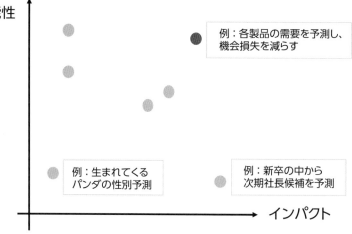

図 1.1.35：起案されたテーマを実現可能性とインパクトの軸に配置した例

PART 2

2

CHAPTER 0

基本的な使い方

| データの
収集と準備 | モデルの
生成 | モデルの
評価と解釈 | モデルの
実運用化 |

PART

2

SECTION
01
はじめに

DataRobot でモデルを作って予測を実行するまでの、基本的な使い方を説明します。

推奨環境

DataRobot を使用する前に、表 2.0.1 の 2 つのアプリケーションをインストールします。

Google Chrome	DataRobot は Web アプリケーションであり、ブラウザを使ってアクセスします。ブラウザにもいろいろありますが、Google Chrome で最も快適に操作できる仕様になっていますので、Google Chrome の最新版をインストールしてください。
Microsoft Excel（推奨）	DataRobot は、CSV ファイルのほかに Excel ファイルも直接取り扱うことができます。データファイルの中身を見たり、簡単な加工を行う上で、Excel があると便利です。

表 2.0.1：事前にインストールするアプリケーション

初期設定

DataRobot を初めて使う場合は、以下の手順で初期設定を行います。

❶ 使用する DataRobot 環境にアクセスしてください。ログイン画面が表示されます。
アカウントを登録していない場合は、以下の Web サイトからトライアルを申し込んでください。
・トライアル申し込みサイト
https://www.datarobot.com/jp/lp/trial-book/

❷「E メール」と「パスワード」に、自分のアカウントのメールアドレスとパスワードをそれぞれ入力し、「サインイン」ボタンをクリックします。

COLUMN

表示言語の設定

右上の表示が「English」になっている場合は、クリックして「日本語」に変更します。

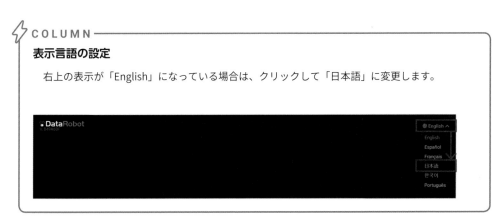

❸ 右上のをクリックして、表示されるメニューから「設定」をクリックします。

❹ 「エクスポート CSV」の「BOM を含める」を ON にしてください。

DataRobot では、さまざまなデータを CSV ファイルとしてダウンロードできますが、BOM を含めないと、Excel で開いた時に日本語が文字化けします。

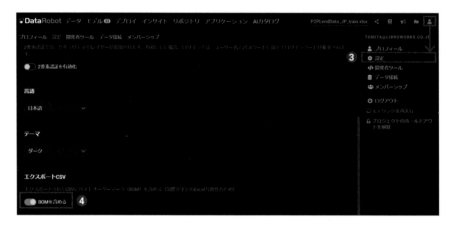

⚡ COLUMN ─────

表示言語の設定

ログイン画面で日本語に変えるのを忘れて、表示される言語が英語になっている場合は、この画面の「言語」（英語では「Language」と表示されています）のところで変更することができます。

❺ 画面の左上にある DataRobot のロゴをクリックして、初期画面に戻ります。

「初期画面に戻りたい時は画面左上の DataRobot のロゴをクリックする」ということを覚えておきましょう。

COLUMN ─────────────────────────────

困った時に

ブラウザの再読み込み

DataRobot は Web アプリケーションです。次のような場合は、ブラウザの表示を再度読み込んでください。

- ・ ボタンやアイコンをクリックしても反応しない
- ・ いくら待っても表示が更新されない

参照リンク

本書に書かれていない、より進んだ使い方を知りたい場合は、以下の Web ページを参照してください。

製品マニュアル	画面右上の■をクリックして、表示されるメニューから「製品マニュアル」をクリック
DataRobot コミュニティ	画面右上の■をクリックして、表示されるメニューから「DataRobot コミュニティ」をクリック
DataRobot ブログ	画面右上の■をクリックして、表示されるメニューから「DataRobot ブログ」をクリック

表 2.0.2：関連 Web ページへのリンク

バグの報告

おかしな現象が何度も再現する場合は、バグの可能性があります。以下の手順で報告してください。

❶画面右上の■をクリック
❷表示されるメニューから「バグを報告」をクリック

CHAPTER

0

SECTION 02 本書で取り扱うテーマ

本書のハンズオンで読者の皆さんに体験してもらうテーマは、「貸し倒れの予測」です。このテーマは古くから金融機関では重要なビジネス課題でしたが、昨今新しいデータや金融サービスの登場などで再び注目されています。皆さんには、架空の消費者金融サービス P2PLend を通じて融資を行う「貸し手」の立場になっていただきます（図 2.0.1）。P2PLend は、お金を借りたい人と、貸したい人を仲介し、マッチングしてくれるサービスです。貸し手は金融機関とは限らず皆さんのような個人の場合もあり、その場合はこれまでの経験をもとに与信判断することができません。そこで、P2PLend が提供する「過去に P2PLend で行われた融資とその返済記録」を使って、今後ローンを申請してきた人に対して融資を行うかどうかを決めるための与信モデルを生成します。

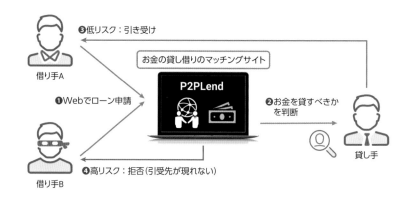

図 2.0.1：P2PLend において借り手と貸し手がマッチングされ融資が行われる仕組み

P2PLend で借り手がお金を借りるプロセスは以下のようになっています。

1. 借り手が P2PLend でローンを申請します
2. 貸し手は自らのリスク判断基準に基づき引き受けるローンを選択します
3. 貸し手は、引き受けたローンの借り手に、P2PLend を通じて承認したローン額を支払います
4. 引受先のないローンは最終的に拒否され、借り手に通知されます

5. ローンが承認された場合、借り手は、貸し手に、P2PLend を通じて毎月一定額の返済を行います

サンプルデータのダウンロード

　本書の付属データのダウンロードサイトから、「貸し倒れの予測」のサンプルデータとして P2PLendData_JP.zip をダウンロードしてください。ダウンロード後は、必ず解凍してください（Windows の場合、ファイルを右クリックして「すべて展開…」を選択します）。

　P2PLendData_JP.zip 内には、以下の 2 つのファイルが含まれています。

- P2PLendData_JP_train.xlsx
- P2PLendData_JP_test.xlsx

SECTION

03

教師データ

モデルを作るための教師データには、過去のローンのデータを使います。ダウンロードした2つのファイルのうち、P2PLendData_JP_train.xlsx が教師データです。Excel などのアプリケーションを使って、P2PLendData_JP_train.xlsx を開いてください（図 2.0.2）。

図 2.0.2：教師データの例

1行が1件のローンを表します。全部で5万件あります。

先頭行は特徴量名で、右端の「貸し倒れ」が予測ターゲット（予測対象）です。この列には、個々のローンが貸し倒れたか（きちんと返済されなかったか）／貸し倒れなかったか（きちんと返済されたか）が、それぞれ TRUE ／ FALSE で入っています。それ以外の特徴量は、ローンが貸し倒れるかどうかに関係する情報です。表 2.0.3 に、それぞれどのような情報が入っているかを示しています。

特徴量名	データ型	意味
申込 ID	数値	ローンごとの ID
メンバー ID	数値	利用者ごとの ID
ローン申請額	数値	借りたいと申告したローン額
借り入れ目的（大分類）	カテゴリ	ローンを借りる目的の大分類
借り入れ目的（小分類）	テキスト	ローンを借りる目的
勤務先	テキスト	勤務先
勤続年数	数値	勤続年数
居住形態	カテゴリ	居住形態
年収	数値	年収
郵便番号	カテゴリ	郵便番号の頭 3 桁
都道府県	カテゴリ	都道府県
信用	カテゴリ	信用照会により得られる個人の信用情報
滞納回数（過去 2 年）	数値	過去 2 年間で滞納した回数
最古クレジット契約からの経過月数	数値	クレジットを初めて利用した月からの経過月数
信用情報照会件数（過去 6 ヶ月）	数値	半年間におけるクレジットスコアの照会回数
直近の滞納からの経過月数	数値	直近滞納してから経過している月数
直近信用情報登録からの経過月数	数値	直近支払ってから経過している月数
有効クレジット契約数	数値	アクティブなローン契約数
悪評記録数	数値	過去の悪評の数
リボ払い利用可能額	数値	リボ払いの残高
リボ枠総消化率	数値	リボ払いの活用割合
総クレジット契約数	数値	総アカウント数
前回の悪評価からの経過月数	数値	前回の悪評が出てからの経過日数
申し込みタイプ	カテゴリ	個人申請のものか共同借用者による共同申請のものか
現行滞納アカウント数	数値	現在借用者が滞納しているアカウント数
全口座残高	数値	全口座の残高
貸し倒れ	ブーリアン	貸し倒れたかどうか

表 2.0.3：「貸し倒れの予測」のデータの各カラムの意味

データのアップロードと
探索的データ解析

SECTION
04

教師データのアップロード

❶ P2PLendData_JP_train.xlsx を DataRobot の初期画面にドラッグ＆ドロップします。

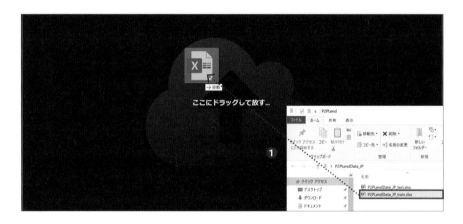

❷ データのアップロードが始まります。

画面右側に「ターゲットを選択する」と表示されるまで待ちましょう。

COLUMN

DataRobot の画面構成

DataRobot の画面は、図 2.0.3 の 3 つの領域で構成されています。

・ ヘッダー領域
・ メイン領域
・ サイドバー

図 2.0.3：DataRobot の画面構成

　サイドバーにマウスポインタを合わせるとメイン領域とサイドバーの間に表示される▶ をクリックすると、サイドバーを閉じることができます。もとに戻したい時は◀をクリックします。

　以下、ヘッダー領域について左から順に説明します。
　左端にある DataRobot のアイコンとロゴをクリックすると、初期画面が表示されます。
　次はメインタブです。DataRobot は「タブ構成」になっており、ヘッダー領域には最上位レベルのタブであるメインタブが表示されます。「ユースケース」[1]「データ」「モデル」「デプロイ」「インサイト」「リポジトリ」「アプリケーション」「AI カタログ」などがあります。本書では、このうち表 2.0.4 に示す 3 つのタブを主に説明します。

※1　本書で掲載している DataRobot（クラウドバージョン）の画面は、2020 年 5 月時点のものです。クラウドバージョンは、ほぼ毎週アップデートされ、画面構成も随時更新されています。例えば「ユースケース」の項目は 2020 年 6 月に追加された項目で、本書の画面には反映されていません（一部除く）。

CHAPTER

0

タブ名	機能
データ	・教師データの探索的データ解析を行う ・データ型の変換など簡単なフィーチャーエンジニアリングを行う ・特徴量セットを作る ・モデリングの設定を行う
モデル	・作成したモデルを管理する ・作成したモデルの内容を確認し、評価する
インサイト	・プロジェクト全体のインサイトを確認する

表 2.0.4：本書で説明する主なメインタブ

　次に青字で表示されているのはプロジェクト名です。DataRobot では、データがアップロードされるたびに、プロジェクトが作成されます。プロジェクト名の初期値は、アップロードしたデータのファイル名です。クリックすると、プロジェクト名を変更できます。
　右端に並んでいるアイコンには、表 2.0.5 のような役割があります。

▣	・環境設定等を行う
▣	・作成したプロジェクトの管理を行う
▣	・バグを報告する ・コミュニティやブログにアクセスする
▣	・マニュアルを見る

表 2.0.5：ヘッダー領域のアイコン

探索的データ解析

　モデリングする前に、教師データを深く理解することが大切です。そのプロセスを「探索的データ解析」と呼びます。DataRobot では「データ」タブで行うことができます。

❶ 画面を下にスクロールしてください。
　各特徴量が 1 行で表示され、以下のような情報がわかります。

・ DataRobot が自動判定したデータ型
・ ユニーク数
・ 欠損の数
・ 平均値、標準偏差、中央値、最小値、最大値（数値型、ブーリアン型のみ）

また、DataRobot が自動判定したデータ型とは異なる型に変換することもできます。

参照▶ 詳しくは 2-1-3 「DataRobot の操作」（P.88）

❷ 特徴量名をクリックすると、その特徴量の値別のサンプル数の分布（数値型の場合はヒストグラム）を見ることができます。

「借り入れ目的（大分類）」をクリックしてみましょう。カテゴリ値別のサンプル数の分布が表示され、「借金のおまとめ」が非常に多いことがわかります。既に複数の借金をしていて、それを借り換えるためにお金を借りに来ている、リスクの高い借り手が多いようです。

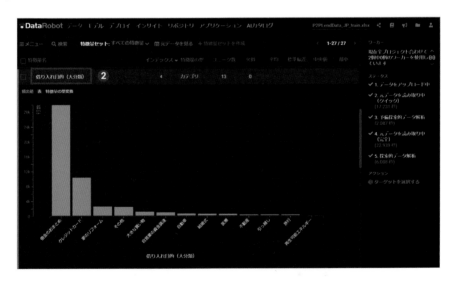

※2 ⚠️は、モデリング前に確認した方が良い項目があることを示しますがここではスキップします（本書では詳しく取り上げません）。

SECTION
05 モデリング

予測ターゲットの設定

　モデリングを開始するためには、予測ターゲット（予測対象）が何かを DataRobot に教える必要があります。

❶ それぞれの特徴量の上にマウスポインタを合わせると、「ターゲットとして使う」と表示されます。
　「貸し倒れ」の上にマウスポインタを合わせ、「ターゲットとして使う」をクリックします。

❷ すると緑の文字の「ターゲット」に表示が変わります。

❸ 画面を最上部までスクロールすると、「何を予測しますか？」の下の欄に、「貸し倒れ」と表示されます。

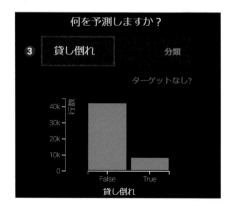

この後、パーティショニングなど、モデリングに関するさまざまな設定を行うこともできます。

参照▶ 詳しくは 2-2-2「パーティション」（P.108）

モデリングの開始

予測ターゲットを設定したら、後は「開始」ボタンをクリックするだけでモデリングが開始され、まるで電子レンジで料理を温めるような感覚で、自動的に最適なモデルができあがります。

それでは、「開始」ボタン（図 2.0.4）をクリックしましょう！

図 2.0.4：「開始」ボタン

なお、DataRobot にはさまざまなモデリングモードが用意されています。

参照▶ 詳しくは 2-2-3「モデリング開始」（P.115）

ワーカー数の増加による処理の加速

DataRobot は、「ワーカー」と呼ばれる仮想サーバーを複数使って、複数のモデルを同時に作成します。サイドバーの最上部には、現在使用しているワーカー数が表示されており、この数を増やせば、処理を加速することができます。ワーカー数を増やすには、次ページの図 2.0.5 で示しているをクリックします。

CHAPTER

0

PART

2

クリックするとワーカーの
数値が増える

図 2.0.5：ワーカー

リーダーボード

❶ 最上部にある「モデル」タブをクリックしてください。「リーダーボード」タブが表示されます。
リーダーボードとは、DataRobot が作成したモデルを、精度の良い順番に並べたものです。
モデリングの最中は、新しいモデルが次々と追加されるため、順位がどんどん入れ替わります。
モデリングが終了すると、サイドバーに「オートパイロットが終了しました」と表示されます。

❷ 精度を表す指標にはいろいろな種類があります。指標を AUC に変えてみましょう。AUC は 0.5
～ 1 の値をとり、値が大きいほど精度は良くなります。

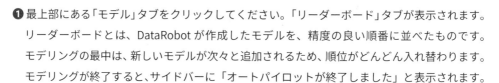 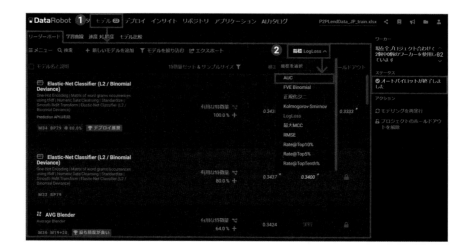

参照 詳しくは 2-2-5 「モデルの検証と選択」（P.126）

リーダーボードから1つのモデルを選んで、それがどのようなモデルか見ていきましょう。

モデルの詳細を確認する ⌄

❶ リーダーボードの一番上にあるモデルのモデル名をクリックしてください。このモデルが現在最も精度の良いモデルです。

モデルの詳細を確認できます。

❷ 「評価」タブをクリックしてください。

このタブでは、モデルの評価に関するさまざまな指標を見ることができます。

❸ 「ROC曲線」タブをクリックしてください。

このタブでは、混同行列やROC曲線を見ることができます。

参照 詳しくは 2-3-3「二値分類モデルの精度評価」(P.141)

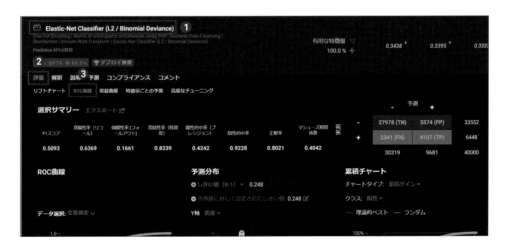

SECTION
07

モデルの解釈

次に、このモデルが教師データから学習した内容を見ていきましょう。DataRobotでは、Part 1でも触れた「グレーボックス」機能によって、精度だけでなくモデルが持つ性質も可視化されます。

特徴量のインパクト

❶「解釈」タブをクリックします。

❷「特徴量のインパクト」タブをクリックします。

❸「特徴量のインパクトを有効化」ボタンが表示された場合は、「特徴量のインパクトを有効化」ボタンをクリックしてください。

なお、このボタンは「解釈」タブ内のほかの指標を見る時にも表示されることがあります。「特徴量のインパクトを有効化」ボタンが表示されたら同様にクリックしてください。

特徴量のインパクトは、予測ターゲットに影響のある特徴量を、影響度の強い順に並べたものです。今回の場合、ローンが貸し倒れるか否かの予測には、「信用」「年収」「ローン申請額」の順に影響を与えることがわかります。

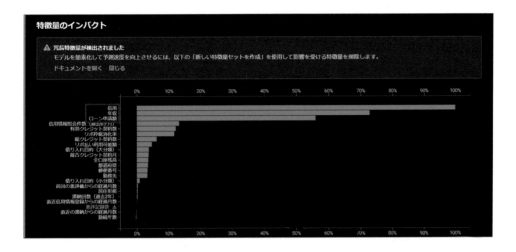

特徴量のインパクトでは、特徴量の追加や削除に関するインサイトも得られます。

参照 ▶ 詳しくは 2-3-7「モデルの解釈とインサイト」（P.154）

特徴量ごとの作用 ⌄

❶「特徴量ごとの作用」タブをクリックします。

❷「特徴量のインパクトを有効化」ボタンが表示された場合は、「特徴量のインパクトを有効化」
ボタンをクリックしてください。

特徴量ごとの作用が表示されます。これは、特徴量ごとに、その特徴量だけを変化させた時に
予測ターゲットに与える影響を示すものです。

❸ 左側の棒グラフの「年収」をクリックしてみましょう。年収が変わると、貸し倒れ確率がどのように変わるかがわかります。下の図では、年収 1,000 万円では 0.09 だった貸し倒れ確率が、400 万円になると 0.24 まで跳ね上がりました。

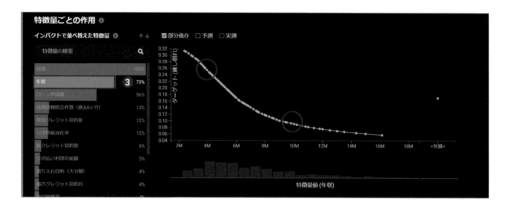

特徴量ごとの作用では、モデルの適用範囲に関するインサイトも得られます。

参照 詳しくは 2-3-7「モデルの解釈とインサイト」（P.154）

ワードクラウド

「インサイト」タブにはプロジェクト全体で得られるインサイトが集約されています。
ここでは、そのうちのワードクラウドを見てみましょう。

❶ 最上部にある「インサイト」タブをクリックします。
❷「ワードクラウド」をクリックします。

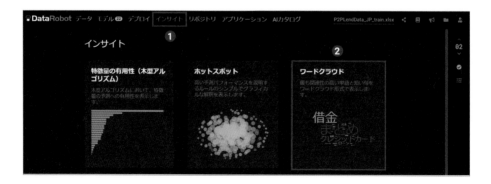

　ワードクラウドとは、テキスト型の特徴量に含まれるどのワードがどのように予測ターゲット
に影響を与えるかを可視化したものです。

❸ 上部にあるドロップダウンメニューから「勤務先」を含むモデルを選択してください[※3]。勤
　務先に含まれるどの単語が貸し倒れにどう影響するかが可視化されます。

　文字の大きさは、サンプル数の多さを表します。

　文字の色は、赤ければ赤いほど貸し倒れ確率が高くなる方向に影響があり、青ければ青いほ
　ど貸し倒れ確率が低くなる方向に影響があることを示します。

　nan は欠損値を意味します。勤務先欄が未記入になっているローン申請で、申請者はおそら
　く無職であると推察されます。文字の色が濃い赤のため、ローン申請の承認には慎重になら
　ざるを得ません。それに対して、株式会社や公務員の文字色は青系のため、ローン申請を通
　しても安全と言えます。

SECTION 08 予測

　良いモデルができたので、実際にこのモデルを使って、新しいローン申請の貸し倒れ確率を予測してみましょう。DataRobot では、ファイルをドラッグ＆ドロップすることで、気軽に予測を試せます。

予測データの準備

　予測データの形式は、教師データと同じである必要があります。モデルで使用している特徴量は、予測データにもすべて含まれていなければなりません。

　ダウンロードした 2 つのファイルのうち、P2PLendData_JP_test.xlsx が予測データです（図2.0.6）。Excel などを使って、P2PLendData_JP_test.xlsx を開いてください。予測ターゲットの「貸し倒れ」に値が入っていない点が教師データとの違いです。この 10 件の新しいローン申請に対して、貸し倒れ確率を予測します。

	A	B	C	D	E	F	G	H		カウント数	Z	AA
	申込ID	メンバーID	ローン申請額	借り入れ目的（大分類）	借り入れ目的（小分類）	勤務先	勤続年数	居住形態			全口座残高	貸し倒れ
2	3304575	5142344	3022500	自営業の資金調達	ビジネス	自営業	10	持家（集合住宅）		0	1457300	
3	3304576	5651351	750000	クレジットカード	クレジットカードの完済	リカーレント	6	賃貸		0	714900	
4	3304577	5150843	1600000	借金のおまとめ	借金のおまとめ	（株）アイオライト	20	持家（集合住宅）		0	4078100	
5	3304578	5790198	800000	借金のおまとめ	ローン	国家公務員	10	賃貸		0	5679700	
6	3304579	5194655	637500	家のリフォーム	浴室のリフォーム	チャロアイト	7	持家（集合住宅）		0	2190100	
7	3304580	5892966	1800000	借金のおまとめ	借金のおまとめ			持家（集合住宅）		0	4825400	
8	3304581	5511711	830000	クレジットカード	クレジットカードのリボ払いを金利の低い	サファイアソフトウェア	10	持家（集合住宅）		0	35506300	
9	3304582	5396044	800000	借金のおまとめ	借金のおまとめ	アキシナイト大学	8	賃貸		0	23880400	
10	3304583	5516715	2400000	その他	ウェディングローン	農業	8	持家（一戸建て）		0		
11	3304584	5801420	2500000	自動車	オートローン			持家（集合住宅）				

図 2.0.6：予測データの例

予測の実行

❶最上部にある「モデル」タブをクリックします。

❷リーダーボードの最上位のモデルのモデル名をクリックします。

❸「予測」タブをクリックします。

❹P2PLendData_JP_test.xlsx を「予測データセット」の点線の四角の中に、ドラッグ＆ドロップしてください。

データのアップロードが始まり、終了すると、「予測を計算」が表示されます。

❺「予測を計算」をクリックして、予測を実行してください。

　計算が終了すると、「予測をダウンロード」が表示されます。

❻「予測をダウンロード」をクリックして、計算された予測値をダウンロードしてください。

　CSV 形式のファイルがダウンロードされます。

❼ ダウンロードされたファイルをクリックして、Excel などのアプリケーションで開きます。

❽予測結果が表示されます。

	A	B	C
1	row_id	Prediction	PredictedLabel
2	0	0.662074319	1
3	1	0.15425689	0
4	2	0.072005125	0
5	3	0.037733651	0
6	4	0.005404666	0
7	5	0.525558968	1
8	6	0.009120916	0
9	7	0.126477714	0
10	8	0.446417079	0
11	9	0.125114666	0

それぞれのカラムの意味は表 2.0.6 のとおりです。

カラム名	内容
row_id	予測データの行番号（0 から始まる）
Prediction	貸し倒れ確率
PredictedLabel	しきい値（デフォルトでは 0.5）より大きいか（1）、以下か（0）

表 2.0.6：予測結果の各カラムの意味

　行番号 4 のローン申請は、貸し倒れ確率が 0.5% と予測されるため、比較的安全です。一方、行番号 0 のローン申請は、貸し倒れ確率が 66%と予測されるため、リスクがとても高くなります。

予測の説明

　実際の現場では、予測結果が出たからといってすぐにその値が納得されるとは限りません。なぜそのような値になったのかがわからないと、納得は得にくいものです。DataRobot には「予測の説明」という機能があり、予測値がどのような理由で算出されたのか説明してくれます。

❶ 予測に使用したモデルの「解釈」タブをクリックします。

❷「予測の説明」タブをクリックします。

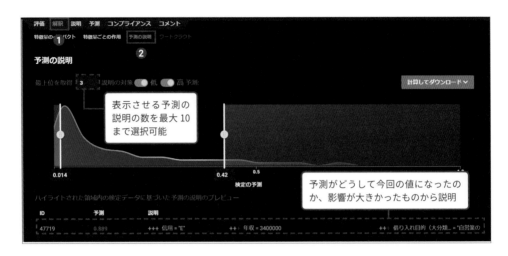

予測の説明は、それぞれの予測値が算出された理由を、影響度の大きかった特徴量から順に説明してくれる機能です。画面では、教師データのうち、貸し倒れ確率が高いと予測される上位 3 件、低いと予測される下位 3 件が、例として表示されています。貸し倒れ確率が最も高いローン申請は、借り手の「信用」が E でとても低く、「年収」が 340 万円で、「借り入れ目的（大分類）」が自営業の資金調達のため、貸し倒れ確率が高いと予測されたことがわかります。

なお、予測の実行結果に関する予測の説明をダウンロードすることも可能です。

参照 詳しくは 2-4-2「予測の説明」（P.170）

デプロイ

予測を実業務で使う場合、毎回手作業でファイルをドラッグ＆ドロップするよりも、システムに組み込んで（プログラムから呼び出して）作業を自動化した方が、工数を大きく削減することができます。

DataRobot では、モデルを使って予測を実行する API を簡単に作ることができ、モデルをシステムへ容易にインテグレーションすることができます。

❶「予測」タブをクリックします。

❷「デプロイ」タブをクリックします。

❸「新規デプロイを追加」ボタンをクリックします。

❹「モデルをデプロイ」ボタンをクリックします。

❺「モデルデプロイ」というポップアップウィンドウが表示されたら、「デプロイを開く」ボタンをクリックします。

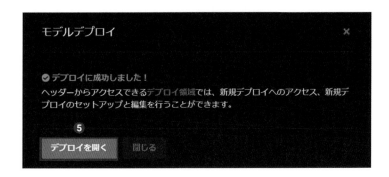

❻ デプロイに関する画面が表示されるので、「インテグレーション」タブをクリックしてください。

❼「スコアリングコード」をクリックします。

❽ API をシステムにインテグレーションするためのサンプルコードが表示されます。

ここで入力形式を JSON に変えたり、予測結果に予測の説明を追加したりできます。

Python のシステムであれば、「クリップボードにコピー」ボタンをクリックして、コードをほぼそのまま使うことも可能です。

以上で基本的な使い方はおしまいです。

DataRobot を使えば、このようにデータの投入から、探索的データ解析、モデリングやモデルの評価、インサイトの確認、そして、予測の実行までの一連の動作を短時間で実行でき、機械学習を使った実用的なモデルを簡単に入手できます。

　機械学習の自動化（Auto ML）カテゴリを創出した DataRobot ですが、現在ではその機能も広く拡充され、また関連製品も登場しています。本書ではごく一部しか紹介することができませんが、本節ではその他の機能・製品について簡単に紹介したいと思います。これらすべてを合わせることで、企業にあるデータからビジネス価値を創出するまでのすべてのプロセスを自動化していくのが DataRobot の製品ビジョンです。全体像としては図 2.0.7 のようになっており、ここでは左側の Data Prep（データ準備）から順に紹介します。

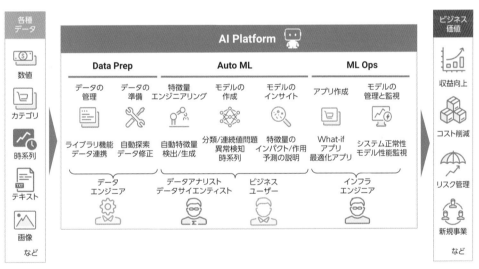

図 2.0.7：DataRobot の製品ビジョン

データ準備を自動化する DataRobot Data Prep

　本書の演習では既に準備されたデータを利用していますが、実際にはデータがあればすぐにモデル生成に使えるとは限りません。**DataRobot Data Prep**（図 2.0.8）はこのデータ準備を優れた UI（User Interface）と自動化技術により民主化し、AI 利用のためのデータ準備を誰でも簡単に素早く行うことができるようにしました。

　DataRobot Data Prep は多様なデータソースからの取り込みに対応し、結合キーの自動探索によるデータ結合の支援、表記ゆれの自動クラスタリングによる名寄せの自動化などの機能でデータ準備を支援します。また、DataRobot Data Prep で準備したデータをシームレスにDataRobot に連携して AI プロジェクトを開始したり、DataRobot の予測モデルから結果を取得して DataRobot Data Prep 上のデータに書き戻したりといった連携が簡単にできます。

　DataRobot Auto ML 製品と同様に非常に優れたブラウザベースの UI で、表計算ソフトを扱える方であれば誰でも利用可能になっています。

図 2.0.8：DataRobot Data Prep

機械学習を自動化する DataRobot Auto ML と Auto TS ﹀

◯ 時系列モデリングの自動化

　機械学習自動化製品について本書ではその多くに触れていますが、実はカバーしきれていない重要な製品・機能が多数あります。その1つが時系列予測の自動化（**Auto TS**）です。時系列予測問題は多くの場面で登場します。特に小売・流通業界では需要予測課題が頻出しますし、製造業においてはセンサーデータの活用も進んでいます。DataRobot の時系列モデリング自動化製品においては、Auto ML 製品と同じインターフェースの中で、時系列データのモデリングのためのアルゴリズムを多数搭載するとともに、独自のインサイト機能を搭載しています。時系列予測においては、先の予測をしようとするほど難易度が上がり、精度が落ちてしまう傾向がありますが、先の予測に対してどれくらい精度に影響があるのかを確認することも簡単にできるようになっています（図 2.0.9）。

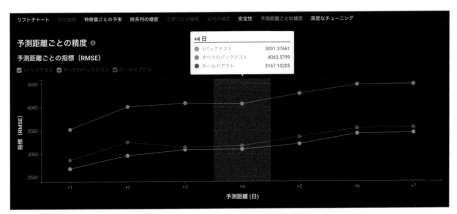

図 2.0.9：時系列モデルの予測距離ごとの精度

◯ 画像モデリングを自動化する DataRobot Visual AI

　DataRobot Auto ML 製品の一機能としてリリースされた **DataRobot Visual AI** は、これまで数値、カテゴリ、テキスト、ブーリアンに限られていたデータ入力を画像にまで拡張します。これまでと同様の二値分類、多値分類、連続値問題などで画像データとその他のデータを併せてモデル化することが可能になります。もちろん入力はほかのデータと同じようにドラッグ＆ドロップなどの簡単な操作で行うことができ、これまでは扱うことの難しかったディープラーニング技術による AI 活用を自動化してくれます。

　DataRobot ならではのインサイト機能も数多く搭載されています。例えば図 2.0.10 は画像に対する予測の説明機能です。AI が画像のどこの部分に着目して見分けているのかを簡単に確認することができます。ほかにも、類似画像をクラスタリングして表示することによってモデルが画像の特徴をどのように捉えているのかを理解することもできます。

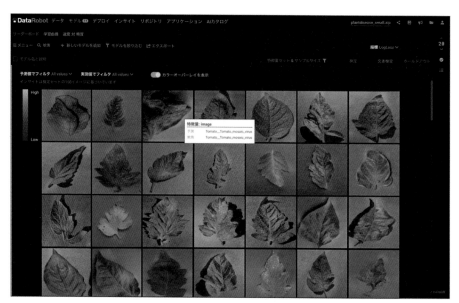

図 2.0.10：Visual AI の画像に対する予測の説明機能

構築したモデルの監視・管理を行う DataRobot ML Ops ∨

　モデルの構築がどれだけ簡単になって、モデルが素晴らしい予測をしてくれるようになったとしても、実際にビジネスインパクトを生み出すためには、運用フェーズに移る必要があります。DataRobot のモデルは数々の方法でデプロイすることを自動化するだけでなく、定常利用におけるモデルの状態を監視・管理するための **DataRobot ML Ops** という製品を提供することによって、モデルの運用を自動化してくれます。

　モデル運用時に気を付けなくてはならないことの 1 つに「データドリフト」があります。運用開始後に予測のために送られてくるデータが、モデリングに使った学習データと、大きく違う特徴を持っているような場合がこれに当たります。例えば、モデルを作っていた時は女性にだけ行っていたマーケティングキャンペーンのデータで学習を行い、そのモデルを男性に対するキャ

ンペーン反応率に対して使ってしまう場合は、多くの特徴量が性差の影響で学習時とは異なる分布を示すことが考えられ、モデルの精度の信頼性に疑問が出てきます。そのような学習データと予測データの乖離を自動的にモニタリングし、結果を可視化してくれる機能が DataRobot ML Ops には搭載されています（図 2.0.11）。

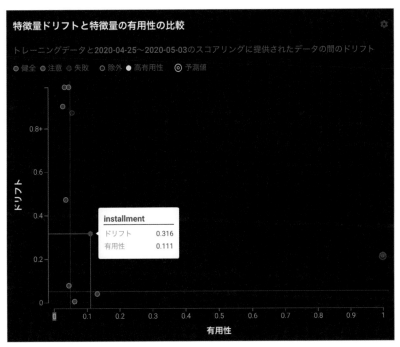

図 2.0.11：DataRobot ML Ops のデータドリフトの監視機能

また、このような状況が生じた時に、自動的にメールなどでアラートを上げることもできます。これ以外にも DataRobot ML Ops では、デプロイされたモデルのサービスの正常性や、モデル精度のモニタリングなどの機能が用意されています。これらの機能は DataRobot で作られたモデルだけでなく、Python や R などで作られた独自のモデルに対しても適用することが可能です。

◯ 構築されたモデルを使った AI アプリケーションの生成

モデルは、与えられた入力値に対して結果を予測することは得意ですが、結果を良くするための入力値を決めることは苦手です。このような問題は「逆問題」などと呼ばれています。例えば品質を上げるために、どのように製造工程や材料を選べば良いのか、などの問題が含まれます。これらはさまざまな入力値の組み合わせをシミュレーションし最適解を見つける「探索的最適化」

によって解決することができますが、そのためにはモデルを応用したアプリケーションを開発する必要がありました。

DataRobot ML Ops では機能として、**AI アプリケーション**プラットフォームが提供されています。上記の最適化を行うアプリケーションも、標準搭載されているアプリケーションの1つです（図 2.0.12）。

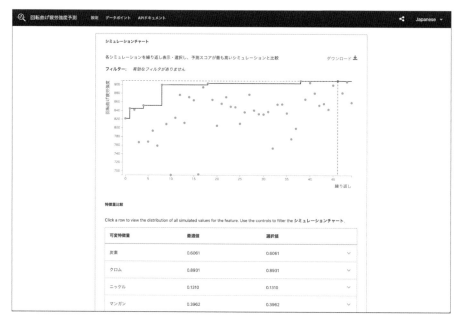

図 2.0.12：最適化アプリケーション

このプラットフォームを使うことで、モデルを使った応用アプリケーションの開発はとても簡単になります。このようなアプリケーションを提供することで、最終的に現場でモデルの予測を利用する担当者に対しても、使いやすいインターフェースを開発し、提供することが可能です。

PART

2

CHAPTER

1

教師データの収集と準備

データの
収集と準備 > モデルの
生成 > モデルの
評価と解釈 > モデルの
実運用化

SECTION
01 元データの準備

データソースの探索 ∨

　分析に適切なデータを探すことは、とても大切なことです。

　まずは、自社にどのようなデータがあるのか探してみましょう（図 2.1.1）。「POS（Point of Sales）データ」といった店のレジで販売がなされた時に蓄えられるデータや「CRM（Customer Relationship Management）データ」といった顧客の管理データなどが当てはまります。

　また、自社にないデータや外部のデータを購入などして使えるのであれば、それも使いたいところです。「DMP（Data Management Platform）」といった自社サイトに訪れた顧客の行動や属性情報など、別々で管理されているデータをまとめ、分析し、顧客とのコミュニケーションを最適化するプラットフォームなどからのデータ購入が例として挙げられます。

　あるいは、公開データを使うという手もあります。「国勢調査のデータ」や、「経済指標などの統計データ」なども有効なデータになります。

　使えるデータは何でも使っていきましょう。

自社でのデータ収集
ex) POS、CRM

外部データの購入・
アライアンス
ex) DMP

公開データ
ex) 国勢調査

図 2.1.1：分析に使用するデータの準備

教師データの探索

　教師データに必要なデータはどのようなものかを見ていきましょう（表2.1.1）。

　まず形式として、予測対象の教師ラベル（予測ターゲット）が1列必要です。教師ラベルとして定義された教師データの1行が「分析の粒度」になります。分析の粒度については次のSectionで詳しく説明します。さらに、一般的なモデリングでは、教師データは1つのテーブルに横持ちする必要があります。そのため、複数のテーブルがある場合は結合して1つのテーブルにまとめます。データの結合時にトランザクションデータがある場合は、分析の粒度を揃える点に注意してください。

　次に、教師データにはある程度の量が必要となります。行数は最低でも数千行、理想的には数万行が必要で、列数は数十列あるのが理想です。ただし、単純に行数が多ければ良いというわけではありません。分類問題において、少ない方のクラスが100件を下回る場合は、モデルがパターンをうまく学習できない可能性があります。そのため、正例と負例の数が両方とも適度に含まれているデータが必要です。

　最後にデータの質という観点では、予測に有効と思われる特徴量（変数やフィーチャーとも呼びます）があるか否かが、精度が良いモデルを作るという意味で大事になってきます。予測に有効な特徴量の数も重要ですが、特徴量の種類の多様性も重要になります。またデータの収集時に偏りがある場合もうまくいきません。基本的には、ランダムにデータが取れているのが理想です。このようなことを考えた上で、予測に必要な質の良い教師データを用意します。

CHAPTER

1

形式	● 予測対象の過去の結果「教師ラベル（予測ターゲット）」が1つだけ必要 ・収集できていない場合や、定義できていない場合は要注意 ● 教師データの1行は、予測対象にマッチした分析の粒度 ・同じデータセットからもいろいろな単位で予測ができる ● 教師データは1つのテーブルに横持ちさせる ・複数の表は事前に結合が必要 ・トランザクションデータは、分析の粒度を揃えて集約する前処理が必要
量	● 教師データはある程度の量が必要 ・理想的には最低数万行、数十列 ・行数が多くても、正のラベルが極端に少ない（アンバランス）とモデル化が困難
質	● 予測に有効と思われる変数が必要 ● 教師データと予測予定データに偏りがあるとうまくいかない ・ランダムに実験が行われているのが理想的 　○ アンチパターン❶：既存モデルの結果上位にだけテストマーケティングを行った 　○ アンチパターン❷：男性の傾向を予測したいのに、女性の過去データしかない 　○ アンチパターン❸：時間とともに対象の傾向が著しく変わる 　○ アンチパターン❹：完全にコントロールされた製造工程におけるデータ

表 2.1.1：教師データの準備

分析の粒度の定義

　教師データを準備する際は、**分析の粒度**を定義する必要があります。定義された分析の粒度によって横持ちするデータの粒度も決まります。表 2.1.2 は、ある小売店舗の販売実績のデータを表しています。このデータは、ある顧客がとある日にとある店舗でどれだけ商品を買ったのかというデータになっています。そのため、分析の粒度は「1 人の顧客の店舗ごとの日単位のデータ」になります。その粒度に従って、購買額や品目数といったトランザクションのデータを集約し、横持ちしています。このように分析の粒度の定義によって、どのようにデータを集約して横持ちするのかが決まります。

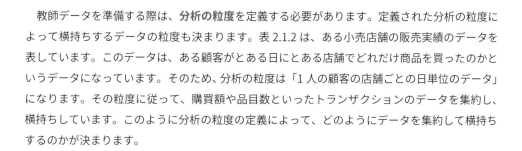

	日付	顧客 ID	店舗 ID	購買額	品目数
分析の粒度→	10/12/2015	1037	17	107.23	3
	10/12/2015	1038	17	99.50	2
	10/13/2015	1037	17	212.49	5
	10/13/2015	1091	19	37.04	2
	10/13/2015	1302	4	18.02	1

表 2.1.2：ある小売店舗の販売実績データ

予測対象と分析の粒度の関係

　トランザクションデータが社内に蓄積されている場合は、通例ではそのままモデリングに使用できず、分析の粒度に合わせて集約する必要があります（表 2.1.3）。例えば、金融機関でローンの貸し倒れを予測するとします。次の支払いが実行されるかどうかを 1 ローンごとに予測するのであれば、一番細かい分析の粒度は 1 ローンになります。また、月全体としてどのくらい貸

し倒れが発生するのかを予測したいのであれば、月次にまとめたデータが必要になります。ただし、分析の粒度を定義する場合には利用できるデータの情報に注意しましょう。基本的には粒度を細かくすればするほど利用できる情報は多くなり、逆にまとめればまとめるほど少なくなります。

何を予測しようとしているのか	分析の粒度は	借り手レベルの情報を使えるか	支払いレベルの情報を使えるか
月単位の全体としてどれくらい貸し倒れが発生しているのか	1月	×	×
借り手が1年間で一度でもローンを完済するのかどうか	1人の借り手の1年の情報	✓	×
特定のローンが完済されるのかどうか	1つのローン	✓	×
特定のローンがこの四半期以内に貸し倒れるのかどうか	1つのローンの四半期ごとの情報	✓	×
次の支払いが実行されるかどうか	一度の支払い	✓	✓

表 2.1.3：予測対象によって分析の粒度は変わる

機械学習のためのデータ収集

　機械学習のデータを収集する場合には、できるだけ生データを入手し、データの粒度を細かくするように心がけましょう（表 2.1.4）。先程のローンの貸し倒れの例であれば、一度のローン支払いごとのデータがあれば、集計して月次の予測を行うことは可能です。しかし、月次で集計された支払いのデータしかない場合は、一度の支払いの予測を行うことができません。複数の問題へ対応できるようにするために、データ収集の際はある程度の細かい粒度で収集する必要があります。

	何を予測しようとしているのか	分析の粒度は
A	月単位の全体としてどれくらい貸し倒れが発生しているのか	1月
B	借り手が1年間で一度でもローンを完済するのかどうか	1人の借り手の1年の情報
C	特定のローンが完済されるかどうか	1つのローン
D	特定のローンがこの四半期以内に貸し倒れるのかどうか	1つのローンの四半期ごとの情報
E	次の支払いが実行されるかどうか	一度の支払い

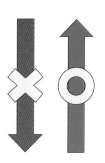

A のデータから B-E のデータは作成不可能
E のデータから A-D のデータは作成可能
なるべく細かい粒度のデータを収集することで複数の問題へ対応できる

表 2.1.4：予測対象と必要な分析の粒度

教師データのアップロード

❶教師データ（P2PLendData_JP_train.xlsx）を DataRobot の初期画面にドラッグ＆ドロップします。

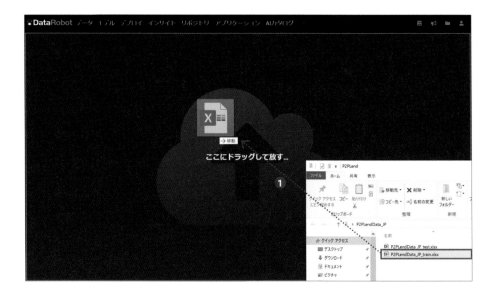

❷データのアップロードが始まります。画面右側に「ターゲットを選択する」と表示されるまで待ちましょう。

◯ データのインポート手段

ここで紹介したようなドラッグ＆ドロップ以外にも、DataRobot では以下のさまざまな手段でデータをインポートすることが可能です。

- ・ データベース接続
- ・ API 連携
- ・ URL
- ・ AI カタログ (DataRobot 内のデータ管理ツール)
  ……等

探索的データ解析 ⌄

モデリングする前に、教師データを深く理解することが大切です。そのプロセスを**探索的データ解析**と呼び、DataRobot では「データ」タブから行うことができます。

❶画面を下にスクロールしてください。上側に「データ品質」タブがあり、特徴量の数やデータの行数が表示されます。また「データ品質評価」では、投入したデータからモデリングに悪影響を与える可能性がある問題が検知され、表示されます。さらに、下側には各特徴量が 1 行で表示され、次のような情報がわかります。

CHAPTER

1

- ・ DataRobot が自動認識したデータ型
- ・ ユニーク数
- ・ 欠損の数
- ・ 平均値、標準偏差、中央値、最小値、最大値（数値型、ブーリアン型のみ）

❷特徴量名をクリックすると、その特徴量の値別のサンプル数の分布（数値型の場合はヒストグラム）を見ることができます。「借り入れ目的（大分類）」をクリックすると、カテゴリ値別のサンプル数の分布が表示され、「借金のおまとめ」が非常に多いことがわかります。既に複数の借金をしていて、それを借り換えるために来ている、リスクの高い借り手が多いようです。

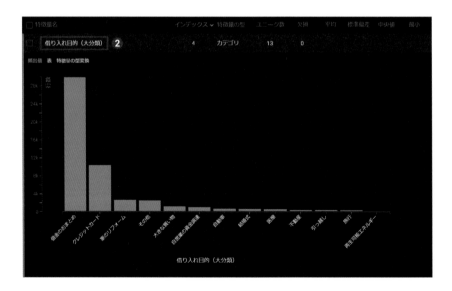

❸ヒストグラムの上にマウスポインタを置くと、それぞれのカテゴリ（あるいはビン）に属するサンプル数がわかります。一番下の「貸し倒れ」をクリックして、ヒストグラムを表示し、True のバーの上にマウスポインタを置いてみましょう。5 万件のお金の貸し借りのうち、約16% に当たる 8,060 件で貸し倒れています。貸し倒れの件数を少しでも減らすのが、機械学習を使う上での今回の目的です。

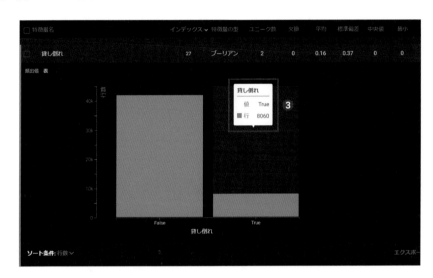

◯ モデリングに不要な特徴量の検知

DataRobot は、教師データの特徴量すべてをモデリングに使用するわけではなく、予測ターゲットに関係なさそうな特徴量は使用しません。例えば、ID と思われる特徴量や全レコードで同じ値を取る特徴量は予測ターゲットとの関係性がないと判断し、それぞれ［リファレンス ID］（図 2.1.2）、［値が少ない］（図 2.1.3）というフラグを付けて、使用しません。

図 2.1.2：リファレンス ID

図 2.1.3：値が少ない

特徴量セット

モデリングに使用する特徴量のサブセットを**特徴量セット**と呼びます。DataRobot は、予測ターゲットとの関係性がないと判断した特徴量を除いた「有用な特徴量」という特徴量セットを自動で生成し、これをモデリングに使用します。特定の特徴量セットは DataRobot で自動で作成されますが、手動で変数を選択し、好みの特徴量セットを作成することも可能です。

特徴量の型を変換

DataRobot により自動認識したデータ型が認識してほしい型と異なる場合は、以下の手順でデータ型を変換することができます。

特徴量「勤務先」をテキスト型からカテゴリ型に変換する場合を例に、手順を示します。

❶「勤務先」をクリックし、左上の「メニュー」から「特徴量の型を変える」をクリックします。

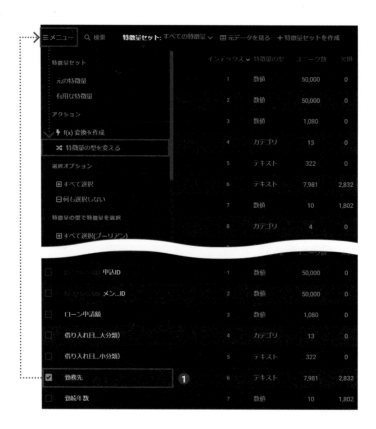

❷「特徴量の型を変える」というポップアップウィンドウが表示されます。テキストからカテゴリへの変換と表示されていることを確認して、「変更」ボタンをクリックします。

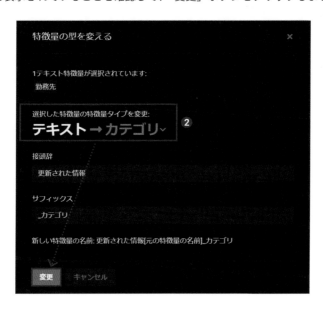

データの前処理と DataRobot での自動化

　表 2.1.5 では、モデルを構築時の代表的な前処理を列挙し、その中で DataRobot 内で自動化している処理としていない処理を示しています。データクリーニングと特徴量エンジニアリングの大きく 2 つに分かれており、次の Section 以降でそれぞれの代表的な処理を説明します。これらの処理の詳細やその他の処理については、DataRobot ブログの「特徴量エンジニアリングの自動化（https://www.datarobot.com/jp/blog/automatedfeatureengineering/）」にも書かれているので、詳細はこの記事を参照してください。

種類	処理内容	DataRobot が 自動で処理する	DataRobot が 自動で処理しない
クリーニング	欠損値	✓モデルに適した値を補完（平均値、中央値、特定値 など）	
	外れ値	✓モデルに適した変換を実施（Ridit、Log、Polynomial、Binning など）	✓不要な外れ値の除去
	名寄せ		✓DataRobot Data Prep で自動処理
特徴量エンジニアリング	エンコーディング	✓Ordinal、One-hot、Count など	
	組み合わせ探索	✓特徴量間の差と比を自動生成	
	日付情報の追加	✓年、月、日、曜日の列を自動生成	
	テキスト処理	✓分かち書き、TF-IDF など	✓独自辞書を使った分かち書き

表 2.1.5：代表的な前処理と DataRobot 内で自動化する処理・しない処理

クリーニングとは ⌄

　ビジネス活動の後に収集されたデータをそのまま機械学習プロジェクトに使用できるケースは、ほとんどありません。現場でのデータ入力に漏れがある、単位が異なるデータが混在していたりするなど、データが整理されていないからです。そのため、それらのデータの修正や統一をする必要があり、それらの処理のことを**クリーニング**と言います。

◯ 欠損値

　欠損値とは、あるデータセットの列において何かしらの理由でデータセットの値が入っていない値のことです。現場の担当者の入力漏れやシステムの不備などの要因が挙げられます。欠損値は一般的に平均値や中央値で補完する場合がありますが、モデルのアルゴリズムによって適した方法が存在します。DataRobot では、モデルのアルゴリズムに適した欠損値を埋める処理と欠損値であることを明示するフラグを作成する処理を自動化しているため、ユーザーが欠損値を補完する必要はありません。

◯ 外れ値

　外れ値とは、あるデータセットの列において平均値から大きく離れている値のことです。単位などが統一されておらずに外れ値になる場合や大富豪の年収の値が平均年収の値からかけ離れている場合などがあります。前者のように、明らかに誤っている値が混じっている場合には取り除く必要がありますが、これらが本当に誤っているかどうかは現場の担当者が確認しないとわからないため、DataRobot では自動で取り除かない仕様になっています。

　一方で、後者のように理由が明確にわかっている外れ値の場合には、外れ値の影響によりデータの分布形状がモデルに適していないことがあります。そのような場合は、モデルが学習しやすいように、分布の形状を変換する処理が必要になります。代表的な例としては Log 変換、ビニングによってカテゴライズを行い分布形状を変換する手法があります。DataRobot はモデルのアルゴリズムによって適した変換方法を選択し、自動的に処理を行います。

◯ 名寄せ

　名寄せとは、同じ対象を表現しているのに名称が異なる場合に名称を統一することを意味します。例えば、「株式会社」の場合には「（株）」や「（カ）」といった名称でも意味は通じます。こ

のように同じ対象を表現しているにもかかわらず、別の名称のデータが存在している場合にはモデルが別のものと判断し、うまく学習できない場合があります。これらの処理は、DataRobot Data Prep を活用すると容易に行うことが可能です。

特徴量エンジニアリングとは ⌄

　特徴量とは、モデルが過去のデータから未来を予測するためのパターンを学習する際に必要とするデータのことを意味します。顧客ターゲティングにおいては、年齢や性別、過去の購買履歴データなどが代表的な特徴量となります。また、データセットに含める特徴量の量と質が予測の精度やモデルから得られるインサイトに大きく影響します。元々のデータセットをそのまま利用した場合、モデルの学習に適した形式でない場合がほとんどです。そのため、データセットを適した形式に加工する処理を実施する必要があり、その処理のことを**特徴量エンジニアリング**と言います。

◯ エンコーディング

　性別や血液型といったカテゴリ型の特徴量は人であれば識別できますが、モデルはそのままの状態であれば識別できません。そのため、数値を割り振って識別できるようにする処理が必要で、この処理のことを**エンコーディング**と言います。エンコーディングにはさまざまな種類があり、表 2.1.6 は代表的な ordinal encoding と呼ばれるエンコーディング手法になります。出現するカテゴリに対して数値を割り振り、モデルが識別できる状態にします。このほかにも one vs all のフラグ列を追加していく One-hot encoding やカテゴリの出現頻度で置き換える count encoding といった手法がありますが、DataRobot ではモデルのアルゴリズムの特性を踏まえた上で、適切なエンコーディングを自動で実施します。

顧客 ID	属性	顧客 ID	属性
001	A	001	0
002	B	002	1
003	C	003	2
004	A	004	0

表 2.1.6：ordinal encoding

⬤ 組み合わせ探索

　データセットに数値型の特徴量を複数含む場合に、単体よりも 2 つの特徴量の差や比を算出した値の方が予測する際に役立つ情報となる場合があります。例として金融機関でローンの貸し倒れを予測したい場合に、ローン額と年収の特徴量があったとします。その際に、同じ金額のローン額であったとしても年収が高い人の方が低い人と比較して相対的に支払い負担が軽いため、貸し倒れ確率は低くなるといった仮説が立てられます。人間であればこのような感覚を持つことができますが、モデルは特徴量として投入しないとわかりません。そのため、表 2.1.7 のようにローン額を年収で割った支払い負担といった列を追加する必要があります。このように特徴量間の比や差をとって、特徴量を作ると精度が向上する場面が多々ありますが、DataRobot ではこれらの処理を自動で行います。

年収によってローン額の負担が変わる

貸し倒れ	ローン額 (円)	年収 (円)	→	貸し倒れ	ローン額 (円)	年収 (円)	支払い負担 (ローン額 ÷年収)
False	10,000,000	5,000,000		False	10,000,000	5,000,000	2
True	10,000,000	2,000,000		True	10,000,000	2,000,000	5
False	4,000,000	4,000,000		False	4,000,000	4,000,000	1

表 2.1.7：支払い負担の列を追加

⬤ 日付情報の追加

　データセットに日付型のデータがある場合は、そのままではほとんど役に立ちません。しかし、月や曜日といったほかの視点で見ていくと特徴があるかもしれません。表 2.1.8 は、製造業の製品の欠陥予測のデータですが、月曜日は土日明けのため何か異常なことが起きているということがあるかもしれませんし、金曜日は平日最後なのでそれはそれで何か起こる可能性があります。このような月日から製造の年、月、日、曜日に変換する処理は DataRobot が自動で行ってくれます。

欠陥	製造日付		欠陥	製造日付	製造年	製造月	製造日	製造曜日
False	2017/10/05		False	2017/10/05	2017	10	05	木
True	2010/11/23	→	True	2010/11/23	2010	11	23	火
False	2019/01/09		False	2019/01/09	2019	01	09	水
False	2018/08/24		False	2018/08/24	2018	08	24	金
True	2015/06/15		True	2015/06/15	2015	06	15	月

表 2.1.8：日付情報の追加

◯ テキスト変換

データセットにテキスト型の特徴量がある場合には、数値型やカテゴリ型とは異なるテキスト独自の処理を行う必要があります。例えば、文章を単語単位に分ける、分かち書きや単語や文字の出現頻度を一定の塊ごとにカウントする word-gram ／ char-gram、単語の出現頻度や出現比率から重要度を算出する TF-IDF といった処理が挙げられ、DataRobot はこれらの複雑な処理を自動で行います。また日本語の場合、単語ごとに分ける特殊な分かち書きが必要になりますが、そちらにも対応しています（図 2.1.4）。

word-gram：単語の出現頻度をn個の塊で数える
char-gram：文字の出現頻度をn個の塊で数える

"This sentence is an ordered list of words."

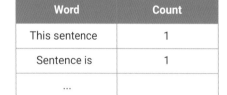

Word	Count
This sentence	1
Sentence is	1
...	
Of words	1

TF-IDF：単語の重要さに応じた正規化で、
TF （Term Frequency、単語の出現頻度)
あるテキストでのその単語の出現比率
IDF (Inverse Document Frequency、逆文書頻度)
その単語が存在するテキストの割合の逆数の対数

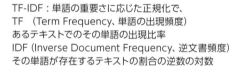

$$tf\text{-}idf(t,d) = tf(t,d) \times idf(t)$$

$$idf(t) = log\frac{1+n_d}{1+df(\mathrm{d},t)}+1$$

図 2.1.4：テキスト変換

モデリングの流れと DataRobot の守備範囲 ⌄

　図 2.1.5 は、モデリング全体の流れを示します。データの前処理や特徴量エンジニアリングなど、多くの部分は DataRobot が自動で対応します。特に Ver6.0 以降では、複数テーブルを結合し、トランザクションデータなどの数値型データの過去一定期間の平均値や最大値といった時間軸を意識した特徴量を自動探索する機能が追加されました。加えて、DataRobot Data Prep によりデータの結合や合成変数の追加、名寄せなどの処理を円滑に行えるようになりました。

　一方で、深いドメイン知識が必要なデータクリーニングや特徴量エンジニアリングは従来通りユーザー自身で行う必要があります。

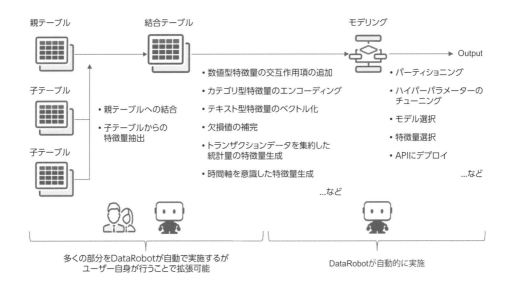

図 2.1.5：モデリングの流れと DataRobot の守備範囲

リーケージとは

　リーケージとは、予測時点ではわかっていないはずの特徴量を使ってモデリングすることを指します。例として、これまでに蓄積された各店舗の実績データを使って新店舗を出店する際の売上を予測する場合で考えてみましょう（図 2.1.6）。

　蓄積されたデータには、予測ターゲットである売上のデータのほかに、商圏のデータや候補地の面積等からルールベースで決まるデータがあります。また、従業員数や客数といった実績データも蓄積されているはずです。ここで予測ターゲットである売上は、客数や従業員数におおよそ比例する数値であることが想像できます。しかしながら、予測ターゲットである売上はもちろんのこと、店舗の従業員数や客数は本来出店後に初めてわかる数字です。そのため、従業員数や客数を教師データに使って予測モデルを作成すると、本来は予測時点では知り得ないデータを使っており、かつ売上と比例している値なので答えを見ていることと同じになってしまいます。このように予測時に入手できないデータを使ってモデルを作ってしまうと、リーケージとなってしまいます。

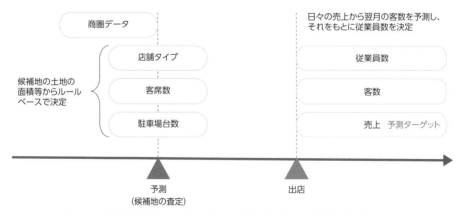

図 2.1.6：予測時点ではわかっていないはずの特徴量（を使ってモデリングすること）

リーケージによって生じるリスク

　リーケージが起きてしまうと、過去のデータを使ったモデル学習時の精度は非常に良くなります。なぜなら、本来は予測時点では知り得ないデータを使っており、いわばカンニングに近い状態で答え合わせを行っているからです。この場合、我々が予測モデルを構築する本来の目的である「未来の予測」の精度は非常に悪くなります。学習の時にカンニングしていたデータは予測時点では不明であり、まだ入手できないからです。このように、リーケージが起きてしまった場合には、良い精度のモデルができたとしてもビジネスで利用する際に非常に悪い精度のモデルで運用してしまうリスクがあるため、注意が必要です。ただし DataRobot では、リーケージとなるリスクがありそうな特徴量については、自動で検知する機能があります。

 参照 詳しくは 2-2-4「モデル作成における注意点」（P.121）

さまざまなリーケージの例

　先程は売上予測におけるリーケージの例について説明しましたが、ほかには以下のようなリーケージが考えられます。

- 1 年間に発行された処方箋のリストを、その年の肺炎罹患予測の特徴量とする
  - ・肺炎だからその薬が処方されたのでは？
- 1 年間の保険金請求回数を、その年の保険金請求総額の特徴量とする
  - ・発生確率の低い保険金請求において、発生したかどうかが先にわかってしまった
- パフォーマンスの高さの定義に資格習得数を含めているのに、取得した資格のリストも特徴量としても持っている
  - ・資格リストの数からパフォーマンスがわかってしまう

PART 2

CHAPTER 2

モデルの生成

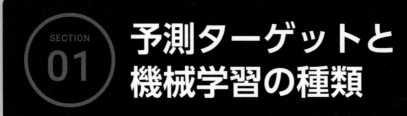

SECTION
01
予測ターゲットと
機械学習の種類

　予測モデルが行うのは、ターゲットと特徴量との間のパターンを学習することと、学習したパターンを使って将来のターゲットの値を予測することです。

参照 詳しくは 1-3「機械学習アルゴリズムの種類とその仕組み」（P.25）

予測ターゲットの指定 ⌄

　「データ」タブでは画面を下にスクロールすると、読み込ませたデータのサマリーを確認することができます。列名が行方向に表示されており、下の方に今回の予測ターゲットの「貸し倒れ」があります。「貸し倒れ」をクリックすると、オレンジ色で「ターゲットとして使う」と表示されます。これをクリックすると、今回のプロジェクトの予測ターゲットに設定されます。画面を上までスクロールすると、先程は空欄だった「何を予測しますか？」の欄に、「貸し倒れ」が入っています。このように予測ターゲットを指定すると、予測モデルの作成準備が整います。後は「開始」ボタンをクリックするだけで、自動的にモデルが作成されます。

❶DataRobot の「データ」タブをクリックします。

❷画面を下にスクロールし、「貸し倒れ」をクリックします。

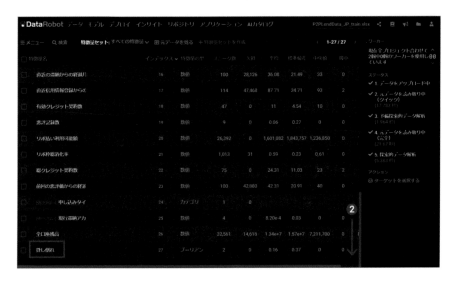

❸「ターゲットとして使う」をクリックします。

❹「貸し倒れ」がターゲットに設定されます。

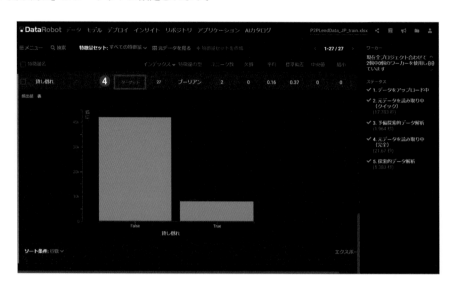

❺画面を最上部までスクロールすると、「何を予測しますか？」の下に、自動的に「貸し倒れ」
が表示されます。これで予測モデル作成の準備が整いました。

教師あり機械学習の種類

今回の予測ターゲットの「貸し倒れ」は、「TRUE（貸し倒れる）」と「FALSE（貸し倒れない）」の2つの値を持っています。DataRobotは、予測ターゲットが2つの値を持つ場合には、自動で二値分類問題として認識します（図2.2.1）。

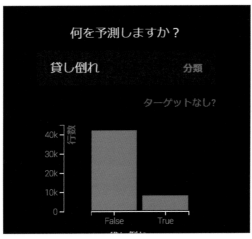

図 2.2.1：予測ターゲット例

もし、予測ターゲットが3つ以上の値である場合は多値分類問題、連続値である場合は連続値問題として認識します。

SECTION 02 パーティション

パーティションとは

　パーティションとは、学習に使うトレーニングデータ、モデルの精度検証に使う検定データ、そしてモデル精度の最終確認に使うホールドアウトデータに、データを適切に分割することです。

モデリングと検定

　作成したモデルの精度は、どのように評価するのでしょうか。まず図 2.2.2 の「元のデータ」を見てください。このデータに特徴量が 2 つ、教師ラベルが 1 つあります。行方向には、合計 3 万行のデータがあるとします。例えばこのデータを分割し、2 万行をトレーニングデータとしてモデルを作ります。残りの 1 万行を検定データとし、先程作ったモデルに適用して予測値を算出します。この予測値を、検定データが元々持っていた教師ラベル（答え）と突き合わせて、答え合わせをします。これにより、学習に使っていない未知のデータに対して、どのくらいの精度を得られるかを確認できます。これを**検定**と呼びます。

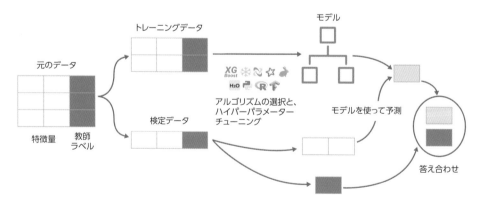

図 2.2.2：検定

トレーニングデータ、検定データ、ホールドアウトデータ ⌄

　DataRobot に投入したデータ全体を 100％とした場合、DataRobot は図 2.2.3 のようにデータを 3 つに分割します。まず、20％をホールドアウトとして残しておきます。次に、残りの 80％のデータのうち、16％を検定データ（バリデーションデータ）、残りの 64％をトレーニングデータとして使います。これを **TVH 方式**と言います。トレーニングデータはモデルの学習に使われます。また、検定データはモデルの学習には使用されませんが、作ったモデルの中でどれが一番良いかを選択するための精度計算に使われるため、間接的に使用されます。さらに、モデルの学習や選択に一切使わなかった全くの未知のデータで精度を確認したい場合は、最初に残しておいたホールドアウトデータで見る必要があります。ホールドアウトは、学習にも良いモデルの選択にも一切使っていないため、モデルの運用開始後の将来に入手される仮想的な未知データとして扱うことができます。

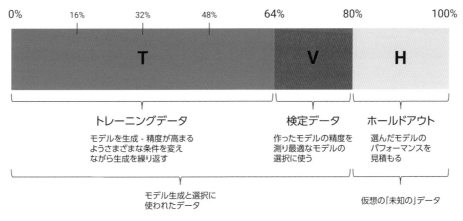

図 2.2.3：データの分割

交差検定 ⌄

　次に、交差検定について説明します。図 2.2.4 はホールドアウトを除いた 80％ のデータを 5 つのパーティションに分割しています。まず 1 回目の交差検定（CV1）では、最初の 4 つのパーティションをトレーニングデータとし、5 つ目のパーティションを検定データとします。次に 2 回目（CV2）では 4 つ目のパーティションを検定データとし、残りをトレーニングデータとします。このようにトレーニングデータと検定データのパーティションを変えながら検定を 5 回繰

り返して行うことで、5つのモデルができあがります。この5つの検定データでの予測精度の平均値が、交差検定スコアです。交差検定では汎化性能を調べることができます。データ数が少ない場合は実施した方が良いでしょう。

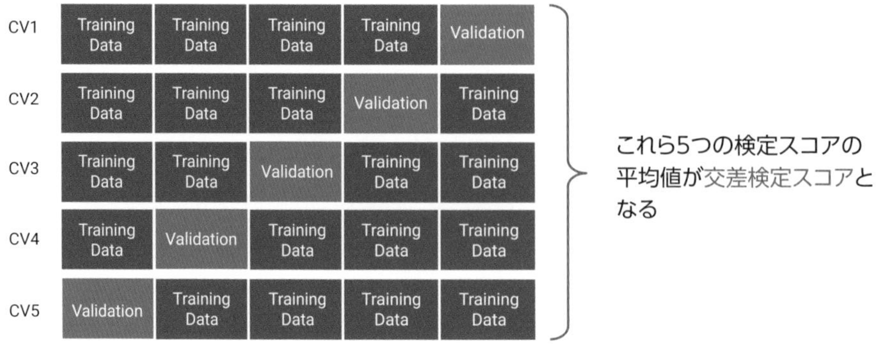

図 2.2.4：交差検定スコア

未知のデータに対する予測

　図2.2.5を見てください。「T（トレーニングデータ）」、「V（検定データ）」、「H（ホールドアウトデータ）」については図2.2.4のとおりですが、図2.2.5ではさらに「P」があります。これは「未知のデータ（Predict）」です。モデルを実際に運用する際は、この「P」に当たるデータを予測することになります。

　例えば、カタログ通販会社において、半年に一度顧客ヒアリングを行って、購入見込みの高い上位40万人にカタログを送付したいと考えます。その場合、予測対象のデータは常に半年先となるため、過去データで作成したモデルが半年間でどのくらい性能が変化するかを検証しておく必要があります。現在、手元には2018年〜2020年上期までの2.5年分の過去データがあるとすると、まず2018年〜2019年上期のデータをトレーニングに使い、2019年下期のデータを検定に使います。そのようにして作成・選択したモデルがどの程度の性能を発揮できるかを、2020年上期のデータをホールドアウトとして確認します。そして最終的に、2020年下期に、このモデルを運用することになります。このように、モデル作成に使用したデータの時期と運用時期の時間的なずれは必ず発生するので、どの時期のデータをどのように使用するかは必ず考慮しておく必要があります。特にホールドアウトは、トレーニング・検定よりも将来に当たるデータを使うようにしないと、実際に運用した時にどれだけの性能が見込めるかを判断できなくなってしまいます。ホールドアウトには、必ずトレーニング・検定よりも将来にあたるデータを取っておきましょう。

図 2.2.5：ホールドアウト

パーティショニングの種類

パーティショニングには図 2.2.6 のようにさまざまな種類があり、DataRobot では手動で柔軟に変更することが可能です。

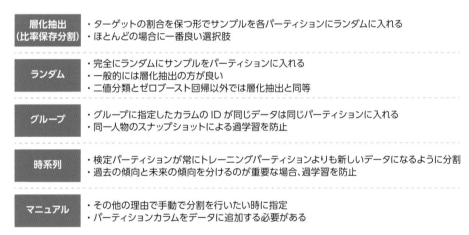

層化抽出（比率保存分割）	・ターゲットの割合を保つ形でサンプルを各パーティションにランダムに入れる ・ほとんどの場合に一番良い選択肢
ランダム	・完全にランダムにサンプルをパーティションに入れる ・一般的には層化抽出の方が良い ・二値分類とゼロブースト回帰以外では層化抽出と同等
グループ	・グループに指定したカラムの ID が同じデータは同じパーティションに入れる ・同一人物のスナップショットによる過学習を防止
時系列	・検定パーティションが常にトレーニングパーティションよりも新しいデータになるように分割 ・過去の傾向と未来の傾向を分けるのが重要な場合、過学習を防止
マニュアル	・その他の理由で手動で分割を行いたい時に指定 ・パーティションカラムをデータに追加する必要がある

図 2.2.6：パーティショニングの種類

◯ 層化抽出（Stratified KFold）

層化抽出は分類問題[1]におけるパーティションで、予測ターゲットのラベル（例えば 0 と 1、または True と False など）がすべてのパーティションで同じ割合となるようにサンプリングする方法です。例えば、元々のデータが図 2.2.7 のように並んでいたとします。赤丸と青四角は、

※1 連続値問題においても、ゼロ過剰データではゼロとそれ以外で層化抽出されます。

各データの予測ターゲットのラベルです。この場合、単純に前方からデータを5分割すると、フォールド（Fold）によって赤丸と青四角のバランスが異なってしまいます。このようなフォールド間のアンバランスは検定に大きな影響を与えてしまうため、望ましくありません。すべてのフォールドに、赤丸と青四角が同じバランスで入るように分割するのが、層化抽出です。ほかに特に理由がなければ、これを選んでおきましょう。

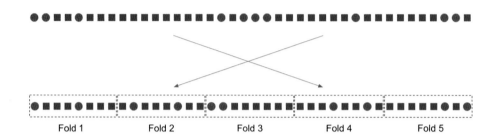

図 2.2.7：層化抽出

⭘ グループパーティション

グループパーティションとは、特定のグループのデータをすべて1つのフォールドに入れる方法です（図 2.2.8）。例えば、過去の売上データから、該当店舗での顧客の購入額を予測したいとします。データに店舗 ID と顧客 ID の両方が入っている場合、店舗ごとに商品の品揃えが異なるため、店舗の規模によって顧客がどのぐらい購入するかは変わります。

このような場合、教師データと検定データの両方に同じ店舗 ID の別のデータが入っていると、その店舗の特性で顧客の購入額を学習してしまい、未知の店舗に対して予測できなくなってしまいます。このようなこと避けるためにグループパーティションを用いて、同じ店舗 ID のデータはできるだけ同じフォールドに入れる必要があります。

図 2.2.8：グループパーティション

◯ 時系列パーティション

また、**時系列パーティション**という方法もあります（図 2.2.9）。時系列パーティションとは、常にトレーニングデータよりも検定データが将来となるようパーティションすることです。また、この検定の仕方をバックテストと言います。常に将来を予測できるかどうかを検定する必要があるため、時間軸でパーティションを分けるのが、時系列パーティションの考え方です。

図 2.2.9：時系列パーティション

パーティション設定をデフォルトから変更するケース ⌄

DataRobot では、分類問題では層化抽出が、連続値問題ではランダムが、デフォルトのパーティションとして設定されます。また、交差検定数はデフォルトでは 5 に設定されます。

タイムスタンプ付きのデータで時系列的な検定を行う必要がある場合は、予測モデルを作成する前に「高度なオプション」を選択して（図 2.2.10）、時系列パーティションに変更しましょう。店舗 ID や製造ロットなど、観測単位ごとに反復測定されたデータも、観測単位ごとにデータをグループ化してグループパーティションを設定する必要があります。また、ノイズが大きくサイズが小さいデータの場合は、どのフォールドで検定を行うかで予測精度に大きな違いが出るため、できるだけ数の多い交差検定に設定します。逆に、サイズが非常に大きいデータは交差検定を行うのは時間がかかるため、TVH 方式に設定することで時間の短縮を図ります。

図 2.2.10：パーティションの設定

図 2.2.11：モデリングモード

オートパイロット（完全自動）では予測ターゲットに基づいて最適に決められたモデルをすべて作成します。**クイック**では、決められたモデルのうちツリー系モデル、線形モデルなどの中から限られたモデルのみ実行し、短い時間で結果を素早く返します。**手動**では、実行するモデルを自分で選択することができます。

PART

2

モデリングの開始

　モデリングモードがデフォルトの「クイック」であることを確認し、「開始」ボタンをクリックしましょう（もし精度重視のモデリングを進める場合は、より時間はかかりますが、オートパイロットを選択してください）。すると、画面の右側に進捗が表示されます。ここで、上部に表示されている「ワーカー」の数字の上の記号をクリックすると、数字を増やすことができます。このワーカーが示す数字は、処理の並列実行数です。もちろん、ワーカーを増やした方が早く処理が終わるため、最大限まで増やしておきましょう。なお、DataRobot の契約状況や各ユーザーへの割り当て数により、各自が設定できるワーカーの最大数は異なります。

❶モデリングモードが「クイック」であることを確認します。

❷「開始」ボタンをクリックすると、右側に進捗が表示されます。画面の右の「ワーカー」で▲をクリックすると、ワーカーの数を増やせます。

❸モデル作成がすべて完了すると、ステータスに「オートパイロットが終了しました」と表示されます。

ターゲットとの相関をチェック

モデリングの「開始」ボタンをクリックした後、パーティション作成や特徴量の分析等がスタートします。それを終えて次にモデル作成が始まると、「データ」タブで確認できる各特徴量のヒストグラムに加えて、ターゲットとその特徴量の関係が現れるようになります。

❶画面上部の「データ」タブをクリックし、例えば「信用」をクリックしてみましょう。
すると、先程はなかったオレンジの点が表示されています。

CHAPTER

2

❷ヒストグラムが表示されたら、画面左下の「ソート条件」をクリックし、「信用」をクリック
します。

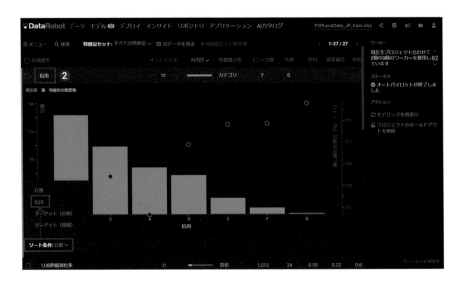

❸データの並び順が変更され、横軸がアルファベット順に並びます。

青い棒グラフで示されたヒストグラムを見ると、「B」が一番多いということがわかります。

一方、オレンジの点は、「信用」のカテゴリに含まれる貸し倒れの割合を指します。貸し倒れ
の割合は「A」が最も小さく、「信用」が「E」、「F」、「G」になるにつれて段々と大きくなって
いく、すなわち貸し倒れる確率（貸し倒れ率）が高くなるというところまで見えてきます。

このように、「信用」でソートし、A から G まで信用が高い順で貸し倒れる割合を見ると、あ
る程度、貸し倒れ確率を表しているということがわかります。

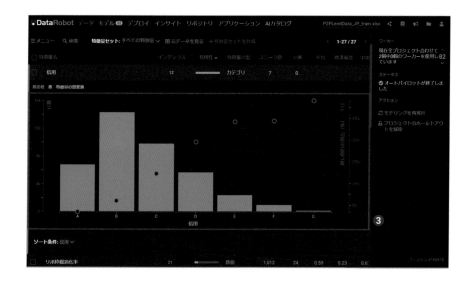

❹もう1つ、年収入も見てみましょう。

画面を下にスクロールして「年収」をクリックします。

❺オレンジ色の折れ線により、ターゲットに設定した貸し倒れとの相関をチェックできます。

400万円台が一番多く、年収が上がるにつれて、貸し倒れ率は下がっていく傾向が見られます。ただし、年収が非常に高くなると、貸し倒れ率はむしろ少し増えている、ということもわかります。

このように、「データ」タブではそれぞれの特徴量の値に含まれる件数や貸し倒れ率、ターゲットの割合を確認することが可能です。

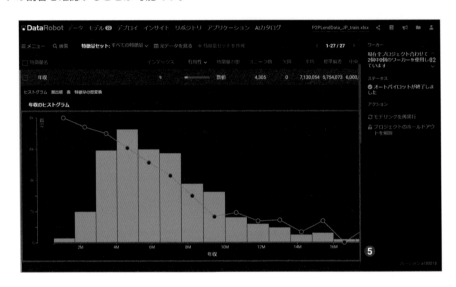

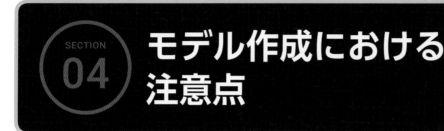

ターゲットリーゲージ

Part 2 の Chapter 1 でも触れたとおり、データを DataRobot へ投入する前に、リーケージを起こす特徴量を含まないように検討するべきです。しかし、それでも気付かずにリーケージを起こす特徴量を含んだまま、DataRobot に投入することもあるかもしれません。DataRobot には、ターゲットリーゲージの自動検知機能があります。明らかなリーケージの場合は、「データ品質評価」タブにターゲットリーゲージが検出されたことが表示され、かつ、「データ」タブのその特徴量に［ターゲットリーゲージ］というタグが付き、その特徴量が自動的に取り除かれた特徴量セットが作成されます（図 2.2.12[※2]）。

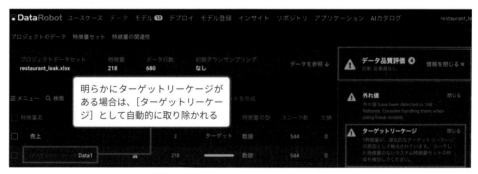

図 2.2.12：明らかなリーケージがある場合

また、明らかではないがターゲットリーゲージを引き起こすリスクのある特徴量が検知された場合は、「データ品質評価」タブにターゲットリーゲージが検出されたことが表示されます（図 2.2.13[※3]）。この場合は特徴量から自動的に取り除かれないため、データに立ち戻ってリーケージの可能性を調査する必要があります。

※2 ※3　図 2.2.12、図 2.2.13 は 2020 年 6 月時点の画面です。

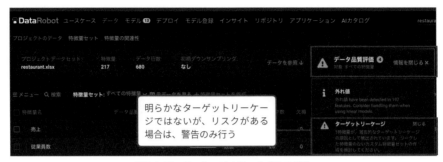

図 2.2.13：リーケージのリスクがある場合

アルゴリズム、ブループリント、モデルの関係

　DataRobot の最も特徴的かつ重要な概念が**ブループリント**です（図 2.2.14）。DataRobot の「モデル」タブで、どれかモデルをクリックすると、チャートのようなグラフで描かれたブループリントを見ることができます（図 2.2.15）。ブループリントは、簡単に表現すると、データ前処理とアルゴリズムを組み合わせたものです。DataRobot はいろいろな機械学習アルゴリズムを自動で選択し、多くのモデルを作成しますが、必要なデータ前処理はアルゴリズムごとに異なります。木型のアルゴリズムであればこの前処理を、回帰型のアルゴリズムであればこの前処理をした方が良い、といった組み合わせはある程度決まっています。DataRobot ではこのデータ前処理と機械学習アルゴリズムをセットにして、ブループリントとして定義しています。

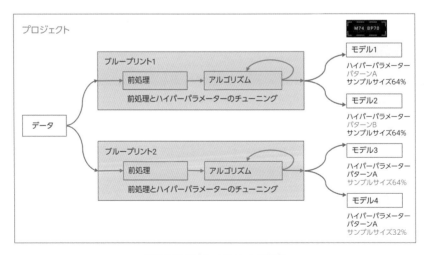

図 2.2.14：ブループリントの概念

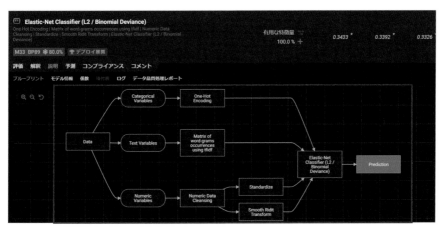

図 2.2.15：ブループリントの例

　図 2.2.16 では、混同しやすいアルゴリズム・ブループリント・モデルの関係を、クッキーの作り方になぞらえて説明しています。まずデータは、小麦粉などの材料を配合した生地です。そして前処理は生地の練り方、アルゴリズムはクッキーの型であり、生地の練り方とクッキーの型の組み合わせがブループリントです。さらには機械学習には、ハイパーパラメーターチューニングと呼ばれる調整作業があります。このチューニングは、例えばオーブンの温度調整などクッキーを焼く過程に当てはまります。これらの一連の工程を経てできあがったクッキーが、完成したモデルです。同じデータ（材料）であっても、ブループリント（生地の練り方や型）が異なれば、違うモデル（クッキー）ができあがります。さらにはデータやブループリントが同じでも、チューニング（焼成過程）が異なれば違うモデル（クッキー）ができあがるのです。

| データ | ブループリント
（生地の練り方が前処理で、
型がアルゴリズム） | チューニング | モデルの完成!! |

図 2.2.16：アルゴリズム・ブループリント・モデルの関係

アンダーフィッティングとオーバーフィッティング ⌄

　次に、**アンダーフィッティング**と**オーバーフィッティング**について説明します（図2.2.17）。青い線はトレーニングデータに対する精度を、赤い線は未知の新しいデータに対する精度を表しています。モデルを複雑にすればするほど、トレーニングデータに対する誤差はどんどん小さくなり、良い精度のモデルができます。しかし、未知の新しいデータを適用して予測させると、モデルの複雑さに従って誤差はある程度までは小さくなっていきますが、あるところで反転し今度は誤差が大きくなっていきます。これは、トレーニングデータで学習しすぎていて、未知のデータに対する予測力が失われている状態です。そのため、モデルは必ずしも複雑にすれば良いということではなく、程良いバランスのところがある、ということを示しています。学習が足りておらず精度が高くない状態をアンダーフィッティング、学習しすぎていて未知のデータに対する予測力が失われている状態をオーバーフィッティングと呼びます。

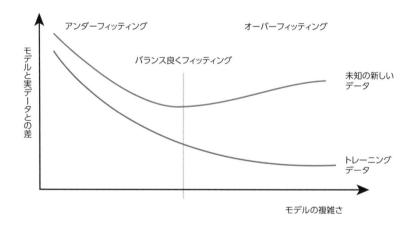

図 2.2.17：アンダーフィッティングとオーバーフィッティング

　もう少し詳しく見ていきましょう。図2.2.18のような3つのパターンを考えてみます。青い点がトレーニングデータで、これに対して線を引いてみます。一番左の図は単純に直線で引いてしまうパターン、真ん中の図は2次関数カーブを引いてみるパターン、そして一番右の図はよりトレーニングデータにフィットさせるパターンです。これだけであれば、一番右のパターンが一番精度が良いモデルに見えます。

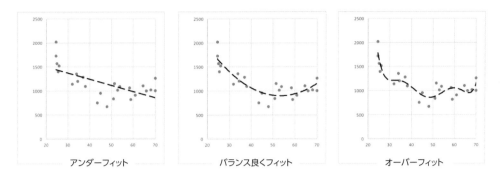

図 2.2.18：最も精度が良くなるモデルを予想

　しかし、実はこの青い点では、全体のうち一部のデータしか見ていません。実際の全体のデータは、図 2.2.19 のように、青い点にオレンジの点を加えた分布になっています。これで見ると、実は真ん中のモデルが一番良さそうだとわかります。図 2.2.19 の右の図の例では取得できた青い点にだけ過剰に反応してしまった結果、それ以外のオレンジの点については逆に精度が落ちるという結果になってしまいました。単純すぎるモデルでも複雑すぎるモデルでも精度が悪くなることがあるため、バランスの取れたモデルを選ぶことが大切です。

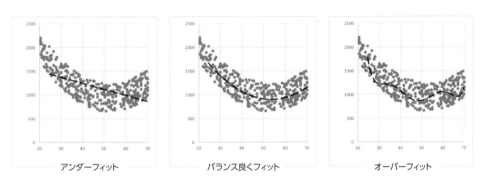

新たなデータに対しては、単純すぎるモデルでも複雑すぎるモデルでも精度が悪くなる

図 2.2.19：アンダーフィット、オーバーフィット

SECTION
05

モデルの検証と選択

リーダーボード

　DataRobotのオートパイロットが完了すると、「モデル」タブの**リーダーボード**で、作成されたすべてのモデルが一覧できます（図2.2.20）。リーダーボードは、いわば精度の順位表です。基本的には、右上の指標で選択された評価指標の良い順に上から並びます。

　ただし、サンプルサイズ100%とサンプルサイズ80%のモデルは評価指標にアスタリスクが付いており、この精度指標はほかと違って参考値です。精度の比較をする場合は、アスタリスクの付いていないモデル同士で行う必要があります。

図2.2.20：リーダーボード

DataRobot のモデル作成手順

● 勝ち抜き戦による効率的なモデリング

　DataRobot では、多種多様のアルゴリズムを用いて、モデルを多く作成できます。しかしながら、仮にすべてのデータを使っていろいろなアルゴリズムでモデルを作成しようとするととても多くの時間がかかります。そこで効率的に良いモデルを作成して選択できるようにするために、モデルの「勝ち抜き戦」を行います。

　デフォルトでの設定（ホールドアウト 20%、トレーニングデータ 64%、検定データ 16%）を例にすると、はじめはトレーニングデータ 64% のうち 16% だけを使って、そのデータで実行できるブループリントを選択し、多くのモデルを作成します。次に、16% で作られたモデルの中から検定スコア上位 16 個のブループリントを使い、今度は 32% のデータを使ってモデリングを行います。さらに上位 10 個のブループリントで、64% のデータを使ってさらにモデリングを行います。このような勝ち抜き戦を行うことで、比較的短時間でとても精度の良いモデルを得ることができます。最後に、精度の良かったいくつかのモデルを使ってアンサンブルを行い、ブレンダーモデルを作成します。

● サンプルサイズ 80%、100% でのモデリング

　次に行うのがサンプルサイズ 80% と 100% モデルの作成です（図 2.2.21）。一般的にトレーニングデータは多いに越したことはありません。そこで、DataRobot はサンプルサイズ 64% で最も良いブループリントを使って、ホールドアウトデータを除いたサンプルサイズ 80% のモデルと、すべての 100% のデータを使ったモデルを最後に作成します。この際、精度と作成速度のバランスを鑑みて、ブレンダーではないモデルのうちで最も精度指標の良かったブループリントを選び、そのブループリントでサンプルサイズ 80%、100% のモデルを作ります。80% のデータで作成したモデルはホールドアウトの評価指標の再確認を、そして 100% のデータで作成したモデルはデプロイして実運用すると良いでしょう。

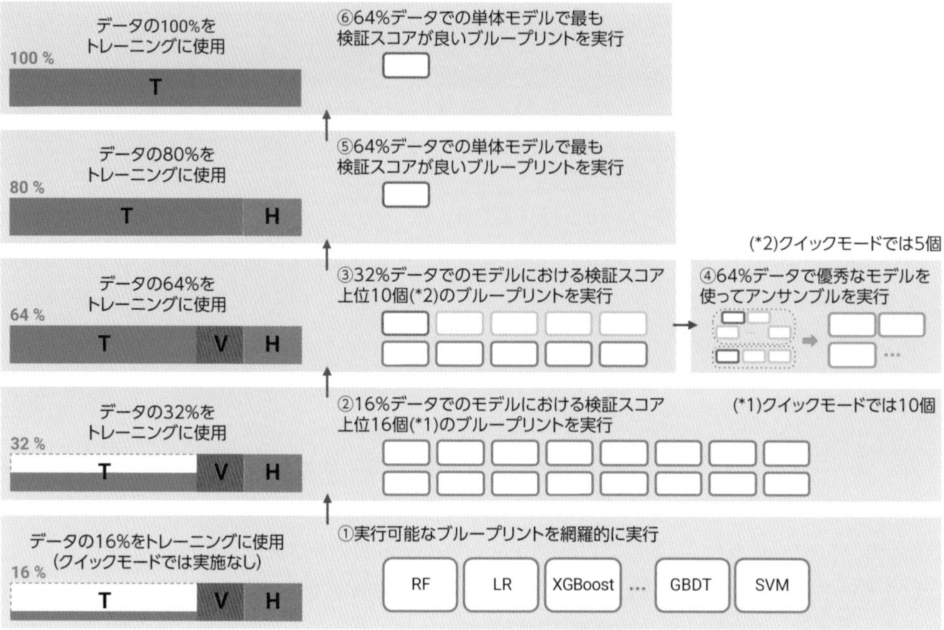

図 2.2.21：モデルの勝ち抜き戦

モデルの評価指標

　ここから先は、モデルの精度を表す評価指標の話に入っていきます（表 2.2.1）。分類問題では、DataRobot のデフォルトの評価指標は LogLoss ですが、LogLoss 以外にも多くの評価指標を選択して比較することができます。今回の二値分類の場合、一般的には LogLoss または AUC を選択します。LogLoss は 0 に近いほど良く、AUC は 1 に近いほど精度が良いモデルです。LogLoss は、同じ教師データから作られたモデル間に限り、比較が可能な相対的な指標です。教師データが異なる場合はモデル間の比較はできません。一方、AUC は、教師データが異なるモデル間でも比較ができる絶対的な指標です。必要に応じて使い分けましょう。

　RMSE と MAPE は、連続値問題で使う精度指標です。どちらも誤差を表す指標で、0 に近いほど精度が良い指標です。RMSE は誤差の大きさそのものを表し、LogLoss と同じく相対的な指標です。一方、MAPE はパーセンテージ・エラーの 1 つで、異なる教師データから作られたモデル間でも精度の比較ができる絶対的な指標です。

　どのように指標を選ぶべきかについてより詳しく知りたい場合は、DataRobot が公開するブ

ログ「モデル最適化指標・評価指標の選び方」[4] も参考にしてください。

指標	適する問題タイプ	値の見方	絶対／相対的指標
LogLoss	分類問題	0に近いほど良い	相対
AUC	分類問題	1に近いほど良い	絶対
RMSE／MAE	連続値問題	0に近いほど良い	相対
MAPE	連続値問題	0に近いほど良い	絶対

表 2.2.1：モデルの評価指標

● AUC

AUC（図 2.2.22）について、もう少し解説します。AUC を得るためには、まず ROC 曲線を確認します。DataRobot では ROC 曲線は緑のプロットで表されており、この緑の曲線が象限の左上に持ち上げられていれば持ち上げられているほど、精度の良いモデルができていると判断できます。

この ROC 曲線から AUC が導けます。AUC は **Area Under the Curve** の略で、単純にこの ROC 曲線の下の面積を数値化したものです。完璧なモデルができていれば、ROC 曲線の下の面積、すなわち AUC は 1 になります。完全にランダム（デタラメ）な予測モデルの場合は、象限の 45 度線に曲線が乗ってくるので 0.5 になります。そのため、AUC は 0.5 から 1 までの間を取ることがわかります。

AUC を使う利点は、ほかのモデルとの比較がしやすいところです。例えば、貸し倒れ予測において、ある時点でのデータは貸し倒れ率が 16%だったとします。その 1 年後のデータは、貸し倒れ率が少々改善し、14%になっていました。これらのデータでそれぞれモデルを作った場合、どちらが良いモデルかを比較したい場合は注意が必要ですが、このように貸し倒れ率が違うデータから作られたモデルであっても精度比較ができるのが AUC の利点です。AUC はとてもよく使われるため、覚えておきましょう。

[4] https://www.datarobot.com/jp/blog/ モデル最適化指標 - 評価指標の選び方 /

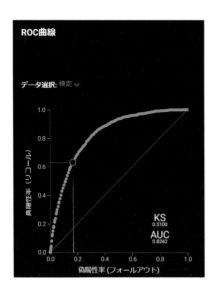

図 2.2.22：AUC

- ROC 曲線の下の面積を表す
  - ROC 曲線は精度が良いほど膨らみを持つ特徴がある
- アルゴリズムは AUC を最大化するモデルを作ろうと試みる（学習）
- AUC は 0.5 が最小（完全にランダム）、1 が最も精度が良い
  - ほかのモデルとの比較がしやすい

⚪ RMSE ／ MAE ／ MAPE

　連続値問題では、RMSE や MAE、MAPE と呼ばれる精度指標がよく使われます（図 2.2.23）。これらはすべて誤差の大きさの平均を示していますが、それぞれ計算方法が異なります。

　RMSE ではまず各予測と実測の誤差を 2 乗したものの平均を取って合計します。さらにその平方根を取ることにより、誤差の大きさの平均値を表しています。MAE ではまず各予測と実測の誤差の絶対値を取り、平均を取ります。予測と実測の絶対誤差の平均値を示しています。MAPE は MAE とよく似ていますが、MAPE では平均絶対誤差のパーセンテージを表します（MAPE の P はパーセンテージを表しています）。まずはこの MAPE を覚えておくと良いでしょう。

$$RMSE = \sqrt{\frac{1}{n}\sum_{i=1}^{n}(y_i - \widehat{y_i})^2}$$

$$MAE = \frac{1}{n}\sum_{i=1}^{n}|y_i - \widehat{y_i}|$$

$$MAPE = \frac{100}{n}\sum_{i=1}^{n}\left|\frac{y_i - \widehat{y_i}}{y_i}\right|$$

y_i ：実測値

$\widehat{y_i}$ ：予測値

- いずれも連続値問題における精度指標
  - 予測と実測の乖離を加算し、平均を取る

- RMSEとMAEの違い
  - RMSEは、平均を取る前に2乗するため、大きな乖離がより強く加算される
  - MAEは、乖離の絶対値を加算するため、結果の解釈がしやすい：「予測と実測の乖離は、平均してこのくらいである」

- MAPEは乖離の割合を示す：「予測と実測の乖離は、実測値に対して平均xx%である」

図 2.2.23：RMSE ／ MAE ／ MAPE

モデルパフォーマンスの比較

　図 2.2.24 のように、オートパイロットが完了すると、リーダーボードに作成したすべてのモデルが現れます（❶）。

　64% のサンプルサイズで作成したモデルのうち、最も精度が良いモデルは、シングルモデルをアンサンブルしたブレンダーモデルであることが多いです（❷）。しかし、精度のみがモデル選択の条件ではありません。ブレンダーモデルの注意点は、モデルの作成時間がかかることや、DataRobot 以外の環境に移植する際の工数がかかること等が挙げられます。モデルのシンプルさを考えるとできる限りシングルモデルを選択する方が望ましい一方で、とにかく高い精度を求める場合はブレンダーモデルも検討すべきです。このように場合によって使い分けることが肝要です。

　なお、100% のサンプルサイズ、80% のサンプルサイズで作成したモデルは、64% のサンプルサイズで作成したシングルモデルのうち、最も精度が良かったもののブループリントを用いて作成されます。

　リーダーボードの各モデルに付与された番号（以下 xx の部分）のうち、**BPxx** はブループリントの ID、**Mxx** はモデルの ID です（❸）。同じブループリントを使って、データサイズやハイパーパラメーター、特徴量セット等の違いから複数のモデルが作られますが、それらはすべて同じブループリント ID を持ちます。一方、モデル ID はそれぞれのモデル固有のものとなるため、各モデルに 1 つの ID が付与されます。

CHAPTER

2

131

PART
2

図 2.2.24：モデルの一覧

　交差検定によるモデルの比較も、DataRobot のリーダーボードを見て確認できます。今回の
データでは、データ数が 5 万件以上のため自動的には交差検定を自動では実行しませんでしたが、
各モデルの交差検定にある「実行」をクリックすれば（図 2.2.25）、そのモデルの交差検定の値
も計算してくれます。時間がある場合は、交差検定を使ったモデルを比較した方がより良い結果
が望めます。

図 2.2.25：交差検定

速度と精度のトレードオフ

　予測モデルのパフォーマンスを評価する際は、精度だけでなく、モデル作成速度や予測速度なども重要な場合があります。そのため、DataRobot はデフォルト設定でオートパイロットを実行すると、精度と速度の両方を考慮したモデル作成を行います。一方、精度がより重要で、速度（予測速度、モデル作成速度）はそれほど重要ではない場合は、オートパイロット開始前の「高度なオプション」で「精度の最適化を行ったテンプレートを使用」にチェックを入れることで（図2.2.26）、時間は多くかかりますが、精度が良い可能性の高いブループリントを含めてモデルを作成することも可能です。

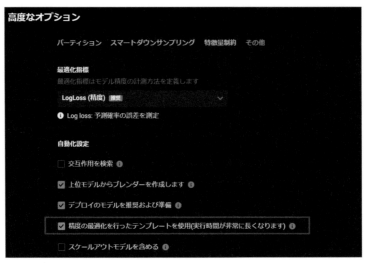

図 2.2.26：精度が重要で、速度はそれほど重要ではない場合

また、「モデル」タブをクリックし、「速度 対 精度」をクリックすると、予測速度を確認できます。
図 2.2.27 の場合は、横軸が 1000 行を予測するのにかかった時間を示し、縦軸が精度スコアを示しています。精度指標は LogLoss のため、グラフの下にあるモデルほど精度が良いものになります。

図 2.2.27：予測速度の確認

PART 2

CHAPTER 3 モデルの評価と解釈

データの収集と準備 → モデルの生成 → モデルの評価と解釈 → モデルの実運用化

モデルの概要

Part 2 の Chapter 3 以降では、個々のモデルに注目し、どのようなモデルができているかを見ていきます。

ブループリント ⌄

❶ リーダーボードの中から、どのように作られているかを見たいモデルを1つ選んで、その名前をクリックします。

❷「説明」タブをクリックします。

❸「ブループリント」タブをクリックします。

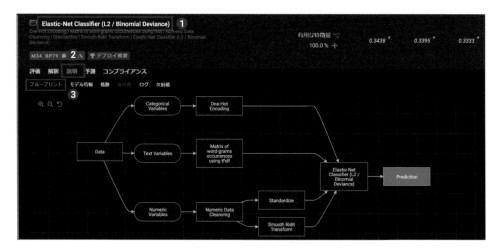

　ブループリントはモデルの設計図で、教師データに対してどのような前処理を行ったのか、どのようなアルゴリズムを使用したのか、その概要を示したものです。図 2.3.1 の場合、カテゴリ型の特徴量（Categorical Variables）のエンコーディングには、One-Hot Encoding が使われていることがわかります。

　それぞれのボックスをクリックすると、詳しい説明が表示され、使用されたパラメーターの値などを見ることができます。

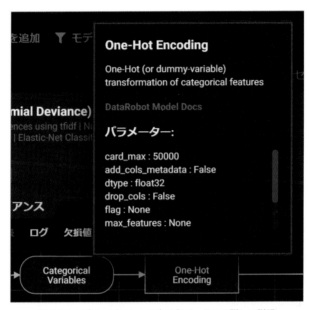

図 2.3.1：ブループリントの中の各ボックスの詳しい説明

SECTION 02 分類モデル・連続値モデル共通の精度評価

モデルの精度の評価方法は、分類、連続値問題、時系列など、機械学習問題の種類によって異なります。中には、分類・連続値問題共通で使用できる評価方法もあります。

リフトチャート

リフトチャートとは、図 2.3.2 のように、予測値と実績値のペアを予測値でソートして適当な数のビン（グループ）に分け[1]、各ビンの平均値を計算してプロットしたものです。DataRobot特有のモデルの精度の評価方法で、特に余計なバイアスがないかをチェックするのに便利です。

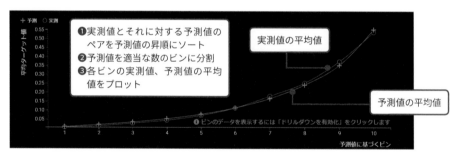

図 2.3.2：リフトチャート

❶リーダーボードの中から、精度を評価したいモデルを 1 つ選んで、その名前をクリックします。
❷「評価」タブをクリックします。
❸「リフトチャート」タブをクリックします。

※1　ビン：データをグループ分けするための値の範囲（例：0 ～ 9、10 ～ 19、など）のこと。

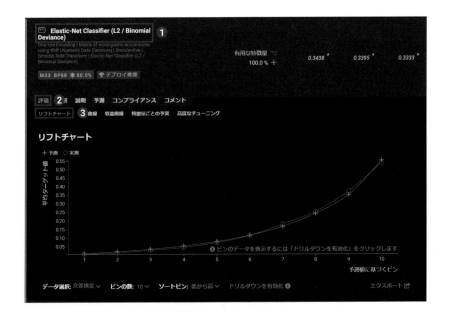

リフトチャートには、ほかの精度評価方法と比べて次のメリットがあります。

◯ 直感的でわかりやすい

　具体的な数値ではなく、グラフ全体の様子から、モデルの良し悪しを把握します。以下のようなモデルは、良いモデルと言えます。

- 実測値（オレンジ色の線）と予測値（青色の線）が寄り添っている
- 縦軸「平均ターゲット値」の最小値と最大値の幅が大きい

　図 2.3.2 は良いモデルの例です。一方、図 2.3.3 はあまり良いモデルとは言えません。予測値が全体的に上振れしている（バイアスがある）からです。

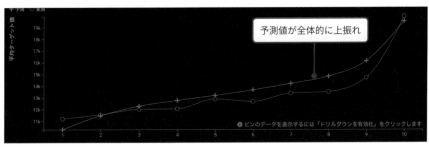

図 2.3.3：バイアスがある場合

予測値の領域ごとの精度がわかる

リフトチャートでは、LogLoss や RMSE などのようなモデル全体の精度指標とは異なり、部分的な精度がわかります。例えば、図 2.3.4 の場合、予測値が中間の領域では、比較的精度が良さそうです。この予測値の領域だけモデルを適用するのも 1 つの手段です。

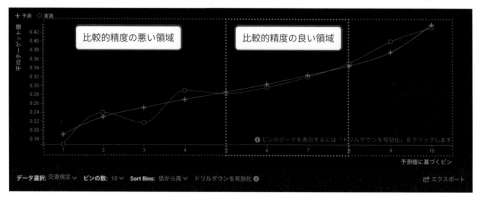

図 2.3.4：部分的に精度の良いモデル

ただし、リフトチャートが示すのは各ビンの平均値のため、ビンの数を変えて（増やして）みて、状況が変わらないか見てみることも大切です。図 2.3.5 は、図 2.3.4 からビンの数を 10 から 60 に変えたものです。比較的精度が良いと感じられた領域でも実測値が多少上下に振れていますが、大きな偏りはなさそうです。

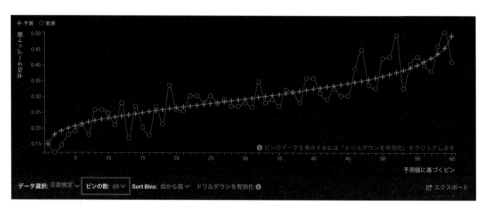

図 2.3.5：ビンの数 60 の場合

二値分類モデルの精度評価

二値分類モデルの精度評価

❶ リーダーボードの中から、精度を評価したいモデルを1つ選んで、その名前をクリックします。

❷ 「評価」タブをクリックします。

❸ 「ROC曲線」タブをクリックします。予測分布、混同行列、ROC曲線を見ることができます。

❹ データ選択はなるべく「交差検定」を選択してください。交差検定を計算していないモデルは、先に交差検定を計算する必要があります。交差検定の計算を行う場合は、リーダーボードの評価指標の「実行」をクリックします。

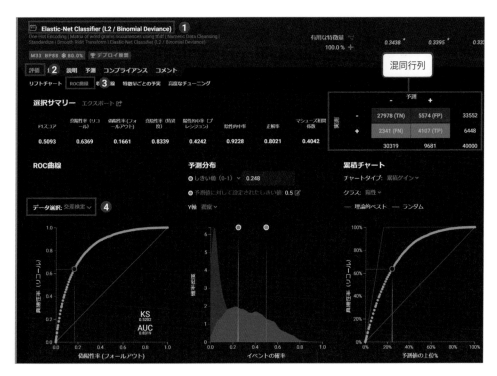

予測分布 ⌄

　予測分布は、イベントの確率（予測値）に対する確率密度分布を、実測値の正例（緑色）と負例（紫色）とに分けて描いたものです[※2]。

　「貸し倒れの予測」の例では、横軸は貸し倒れ確率（予測値）、緑色の山は実際に貸し倒れたローン申請、紫色の山は実際には貸し倒れなかったローン申請になります。実際に貸し倒れたローン申請に対しては貸し倒れ確率が1に近づくように、反対に、実際には貸し倒れなかったローン申請に対しては貸し倒れ確率が0に近づくように、それぞれ予測できると精度の良いモデルになります。また、2つの山の重なりが少ないほど良いモデルと言うこともできます。図2.3.6では、左側の方が精度が良いモデルになります。ただし、あまりにもきれいに分離できている場合は、逆に注意が必要です。その場合は、リーケージがないか確認しましょう。

参照 ▶ 詳しくは 2-1-5「リーケージ」（P.100）

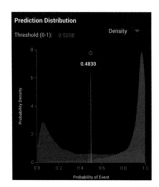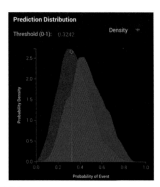

図 2.3.6：予測分布

混同行列 ⌄

　混同行列は、モデルによる予測値と実測値を比較して、予測の当たっている数と外れている数をまとめた表です。

　混同行列では、正例のことを Positive と呼び、DataRobot では「＋」で表します。負例のことは Negative と呼び、DataRobot では「－」で表します。予測の Positive、Negative の数は、しきい値をどこに設定するかで変わります。図 2.3.7 のように、予測分布のしきい値のオレンジ

[※2]　正例：ターゲットの値が TRUE、Yes、1 などの状態／サンプル。負例：ターゲットの値が FALSE、No、0 などの状態／サンプル。

色の線が、混同行列の中央の縦線に相当すると考えるとわかりやすいでしょう。予測値は、予測確率がしきい値よりも大きい場合は Positive、小さい場合は Negative にそれぞれ分類されます。

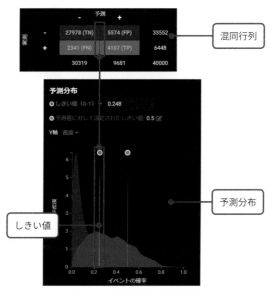

図 2.3.7：予測分布と混同行列

　混同行列は、表 2.3.1 の 4 象限からなります。ここでの「True」「False」はそれぞれ「当たった」「外れた」を意味します。予測ターゲットの True、False とは異なるので注意してください。

		予測	
		− （Negative）	＋ （Positive）
実測	−（Negative）	TN：True Negative 実測も予測も Negative （当たった）	FP：False Positive 実測は Negative なのに Positive と予測 （外れた）
	＋（Positive）	FN：False Negative 実測は Positive なのに Negative と予測 （外れた）	TP：True Positive 実測も予測も Positive （当たった）

表 2.3.1：混同行列

PART

2

しきい値の初期値と変更

　しきい値の初期値は、F1 スコア（次の「混同行列から計算される評価指標」で解説）が最大になるところです。予測分布でオレンジ色の線をドラッグすると（図 2.3.8）、変更することができます。しきい値を変更すると、混同行列も変更されます。

　しきい値を変更した後初期値にリセットしたい場合は、一度「リフトチャート」タブをクリックしてリフトチャートを表示した後、「ROC 曲線」タブをクリックして戻ってください。

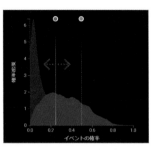

図 2.3.8：しきい値の変更

混同行列から計算される評価指標

　混同行列をもとに、さまざまな評価指標が計算されます（図 2.3.9）。モデルの用途に応じて、どの指標を重視するかは変わります。DataRobot では混同行列の左側に表示され、それぞれ表 2.3.2 のように計算されます。

F1スコア	真陽性率（リコール）	偽陽性率（フォールアウト）	真陰性率（特異度）	陽性的中率（プレシジョン）	陰性的中率	正解率	マシューズ相関係数
0.5093	0.6369	0.1661	0.8339	0.4242	0.9228	0.8021	0.4042

図 2.3.9：DataRobot 上で表示される評価指標

評価指標	数式	説明
真陽性率（リコール）	$\dfrac{TP}{TP+FN}$	実測の Positive に対する正解の比率
真陰性率（特異度）	$\dfrac{TN}{FP+TN}$	実測の Negative に対する正解の比率
偽陽性率（フォールアウト）	$\dfrac{FP}{FP+TN}$	実測の Negative に対する誤りの比率
陽性適中率（プレシジョン）	$\dfrac{TP}{TP+FP}$	予測の Positive に対する正解の比率
陰性適中率	$\dfrac{TN}{TN+FN}$	予測の Negative に対する正解の比率
F1 スコア	$\dfrac{2TP}{2TP+FP+FN}$	リコールとプレシジョンの調和平均
正解率	$\dfrac{TP+TN}{TP+FN+FP+TN}$	全体に対する正解の比率
マシューズ相関係数	$\dfrac{TP \times TN - FP \times FN}{\sqrt{(TP+FP)(TP+FN)(TN+FP)(TN+FN)}}$	DataRobot ブログ（https://www.datarobot.com/jp/blog/matthews-correlation-coefficient/）参照

表 2.3.2：混同行列から計算される評価指標

◯ 正解率

正解率は、以下の式のように、予測が当たったデータ数を全データ数で割ったものです。

$$正解率 = \frac{TP + TN}{TP + FN + FP + TN}$$

　非常にわかりやすい指標ですが、正例と負例のどちらかが極端に少ないアンバランスな場合は、注意が必要です。例えば、がん患者が 1% しかいない状況で、がんの判定を行うとします。その場合、99%はがんではないため、全員に対して「がんではない」と返す単純なモデルを作っても、そのモデルの正解率は 99%になります。これでは「正解率が高い良いモデルができた」とは言えません。そのため、正解率だけでモデルの良し悪しを判断するのは危険です。

　正解率以外でよく使われる指標として、真陽性率（リコール）と陽性的中率（プレシジョン）があります（図 2.3.10）。

◯ 真陽性率（リコール）

　真陽性率（リコール）は、実測値の正例の中で予測が正解する割合を表し、以下の式で計算します。

$$リコール = \frac{TP}{TP + FN}$$

　これは正例のデータをどれだけカバーできたかを示していて、がん検査のように、見逃しをできるだけ起こしたくないケースで多く使用されます。

◯ 陽性適中率（プレシジョン）

　陽性的中率（プレシジョン）は、正例と予測した中で正解する割合を表し、以下の式で計算します。

$$プレシジョン = \frac{TP}{TP + FP}$$

　この指標は、施策を限られた人にだけ間違いなく行いたいケースなどで用いられます。例えば、通販会社でカタログを送付する場合を考えてみましょう。カタログを送ると 1 件ずつコストが発生するため、購入してくれる可能性の高い人にだけ送りたいところですね。その場合、プレシ

ジョンを見ながらしきい値を設定します。

図 2.3.10：リコールとプレシジョン

ROC 曲線

ROC 曲線は、予測分布において、しきい値を 1 から 0 の方向に動かしながら、偽陽性率（フォールアウト）と真陽性率（リコール）をプロットしたものです（図 2.3.11）。

偽陽性率（フォールアウト）は、紫色の山のうち、しきい値の右側にある部分の比率です。真陽性率（リコール）は、緑色の山のうち、しきい値の右側にある部分の比率です。精度の良いモデルほど、最初の頃は、偽陽性率（フォールアウト）はなかなか増えず、真陽性率（リコール）がどんどん増えるため、ROC 曲線は緑色の矢印の方向に盛り上がります。すなわち、この盛り上がりの大きさがモデルの精度を表すことになります。

AUC は、点線の四角の中で ROC 曲線の下側が占める面積の比率です。ROC 曲線が盛り上がれば盛り上がるほど、AUC は大きくなります。1 つも間違いなく分類できるモデルでは、ROC 曲線が左上の頂点を通り二辺と重なり、AUC は正方形全体の面積、つまり 1.0 となります。

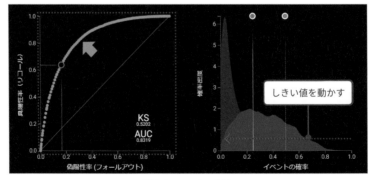

図 2.3.11：ROC 曲線

多値分類モデルの精度評価

多値分類モデルの精度は、多値分類モデル用の混同行列で確認することができます。

❶リーダーボードの中から、精度を評価したいモデルを 1 つ選んで、その名前をクリックします。
❷「評価」タブをクリックします。
❸「混同行列」タブをクリックします。

二値分類の混同行列と同様に、行方向が実測値、列方向が予測値を表します。

予測値と実測値が一致する対角線が緑色の丸で、それ以外は赤色の丸で表示されます。丸の大きさはサンプル数を表し、緑色の丸が大きければ大きいほど、赤い丸が小さければ小さいほど、良いモデルと言えます。また、1 つのクラスに注目して、行方向に見た時に大きめの赤い丸がある場合は、そのクラスが間違われやすいクラスだとわかります。

SECTION
05
連続値モデルの精度評価

連続値モデルの精度評価

連続値モデルの場合は、**残差プロット**で精度を確認します。

❶リーダーボードの中から、精度を評価したいモデルを1つ選んで、その名前をクリックします。

❷「評価」タブをクリックします。

❸「残差」タブをクリックします。

❹「予測分布」をクリックします。「予測分布」は、実測値と予測値による散布図です。

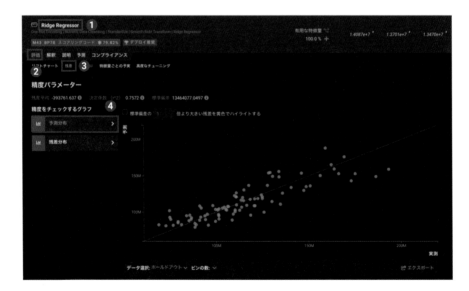

❺「残差分布」をクリックします。「残差分布」は、実測値と残差による散布図、予測値と残差による散布図です。

❻「標準偏差の□倍より大きい残差を黄色でハイライトする」をチェックを入れます。

❼標準偏差の何倍をハイライトするかを変更できます。

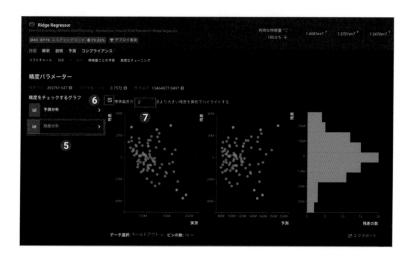

　実測値と残差とによる散布図で、残差がランダムではなく、何らかの規則性が見られる場合は、そのモデルが学習していないパターンが残っている可能性があります。また、大きな外れ値がないかも確認しましょう。

SECTION 06 モデルの精度向上

精度の良いモデルの作成方法 ∨

さらに精度の良いモデルを作るにはいろいろな方法があり、DataRobot にデータを投入する前にすべきことと投入後に DataRobot でできることは、表 2.3.3 のように分けられます。

	説明
DataRobot に データを投入前	・データ量（行）の増加 ・特徴量（列）の追加および削除 ・フィーチャーエンジニアリング
DataRobot に データを投入後	・特徴量の削除 ・パーティショニングの変更 ・オートパイロットによるフルモデリング ・ハイパーパラメーターのチューニング ・手動アンサンブル ・リポジトリからのモデリング ・精度重視のオートパイロット ・100% サンプルでのトレーニング

表 2.3.3：精度の良いモデルの作成方法

DataRobot でできることの中から、いくつかの方法を紹介します。

リポジトリからのモデリング ∨

DataRobot には非常にたくさんのブループリントがあります。その中から投入されたデータや予測ターゲットに応じて、最適と思われるブループリントを選択します。実はこの時、Learning Rate が小さいものなど、明らかに処理に時間がかかりそうなブループリントは選択されません。

　選択されなかったブループリントは**リポジトリ**に並んでいます。そのため、リポジトリの中にあるものを全部使ってモデリングすると、時間はかかりますが、もっと精度の良いモデルができる可能性があります。

❶オートパイロットでモデリングした後、オートパイロットでは選択されなかったブループリントを使ってモデリングしたい場合は、まず、最上部にある「リポジトリ」タブをクリックします。

❷「DataRobot」をクリックします。

❸「ブループリント名と説明」の左をクリックしてチェックを入れ、すべてのブループリントを選択します。

❹必要に応じて、「特徴量セット」を変更します。

❺必要に応じて、「サンプルサイズ」を変更します。

❻必要に応じて、「CVの数」（交差検定の数）を変更します。

❼「タスクを実行」ボタンをクリックします。

CHAPTER

3

精度重視のオートパイロット

モデリング前であれば、最初から精度重視でオートパイロットを走らせるという方法もあります。

❶予測ターゲットを設定します。

❷「開始」ボタンをクリックする前に、「高度なオプションを表示」をクリックします。

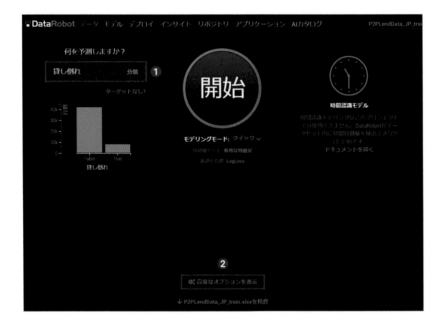

❸「その他」タブをクリックします。

❹「自動化設定」の中の「精度の最適化を行ったテンプレートを使用」をチェックします。通常のオートパイロットよりも、より精度の最適化を行ったブループリントでモデリングされます。オートパイロットで実行したいけれども精度も重視したいという場合に利用してください。

❺DataRobot ではモデリングの実行時間に制限があります。デフォルトでは 3 時間です。事実上無制限で実行したい場合は、「実行時間の上限」に非常に大きな値を設定しておきましょう。

モデルの解釈とインサイト

モデルに関して知りたいこと ⌄

モデルに関して知りたいことはいろいろあります。

- ・ 特徴量がどのように効いているか
- ・ 効いている特徴量が自分のドメイン知識や経験と合っているか
- ・ モデルの全般的な性能はどうなのか
- ・ モデルの性能が低下するケースはどのようなケースか
- ・ モデルの精度や速度を改善するために、どういう特徴量を追加したり、削除したりすれば 良いのか

DataRobot には、「グレーボックス」機能によって、精度だけでなく、モデルが持つ性質を可 視化するツールがいろいろと用意されています。

特徴量のインパクト ⌄

❶リーダーボードの中から、どのようなモデルができているか知りたいモデルを 1 つ選んで、そ の名前をクリックします。
❷「解釈」タブをクリックします。
❸「特徴量のインパクト」タブをクリックします。
❹「特徴量のインパクトを有効化」ボタンが表示された場合は、「特徴量のインパクトを有効化」 ボタンをクリックします。なお、このボタンは「解釈」タブの中のその他の指標を見る時にも 表示されることがあります。ボタンが表示されたらクリックしてください。

特徴量のインパクトの見方

　特徴量のインパクトは、予測ターゲットに影響のある特徴量を、影響度の強い順に並べたものです。図 2.3.12 は、「貸し倒れの予測」におけるあるモデルの特徴量のインパクトです。ローンが貸し倒れるか否かの予測には、「信用」「年収」「ローン申請額」の順に影響を与えることがわかります。影響度は一番上の特徴量の影響度の相対値として示されます。「信用」の影響度を100%とすると、「年収」の影響度は 70% 程度になります。

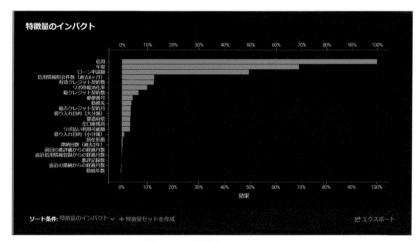

図 2.3.12：特徴量のインパクト

また、特徴量のインパクトは次のようなことに役立ちます。

◯ 現場の認識と一致しているかどうかの確認

特徴量のインパクトの上位にくる特徴量が、現場の人が重視している特徴量と一致すると、現場の人はこのモデルを安心して使うことができるでしょう。図 2.3.12 の場合、上位の「信用」「年収」「ローン申請額」は、いずれも貸し倒れそうか否かを判断する上で現場の人が重視している指標のため、現場の感覚と一致したモデルができていると言えます。

◯ 特徴量の追加のヒント

図 2.3.12 の場合、「郵便番号」「都道府県」が貸し倒れに影響があることがわかります。実はこのデータでは郵便番号は上位 3 桁までしか使用していないため、市区町村のレベルまで住所を追加したり、郵便番号の桁数を増やしたりすると、精度が向上する可能性があります。

◯ 特徴量の削除のヒント

余計な特徴量を削除することにより、速度や精度が向上する可能性があります。

- バーの色が赤い特徴量は、影響がないと考えられますので、削除して構いません。
- 「冗長特徴量が検出されました」と表示された場合、特徴量名が黄色い特徴量（⚠ が付いている特徴量）は削除してください。
- 特徴量の項目を集めるのが大変なケースでは、余計な特徴量を除くことにメリットがあります。例えばアンケート結果を用いたモデリングの場合、特徴量のインパクトに現れないアンケート項目は削除した方が、アンケートの項目数が減り、より正確な回答を得やすくなる可能性があります。

特徴量のインパクトの上位に表示されている特徴量に絞り込んで別の特徴量セットを作り、それで特定のブループリントを再実行することができます。

❶特徴量のインパクトの下の方に表示されている、「＋特徴量セットを作成」をクリックします。
❷特徴量セット名を入力してください。今回の場合、上位 11 個の特徴量に絞り込むため、「Top11」と入力しています。
❸選択する特徴量の数を入力してください。今回は「11」と入力しています。

❹DataRobot により自動検出された冗長な特徴量が含まれる場合は、「冗長な特徴量を除外」を
クリックしてチェックを入れます。

❺「特徴量セットを作成」ボタンをクリックします。

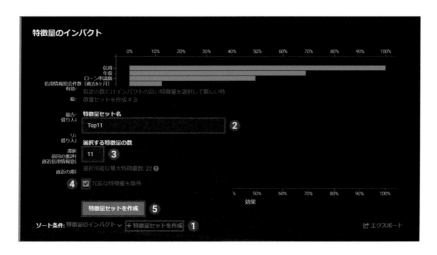

❻新しい特徴量セットでモデリングしたいブループリントのモデルを 1 つ選んで、▨をクリッ
クします。なお、サンプルサイズが 100% のモデルは選択できません。

❼先程作成した新しい特徴量セット（Top11）をクリックしてください。モデリングが開始され
ます。

このように特徴量のインパクトは、自分の仮説と合っているか、新たな発見はあるか、あるい
は精度の高いモデルを作るために工夫できることはないかなど、多くのインサイトが得られる強

力なツールです。なお、特徴量の順番と影響度はモデルごとに異なることに注意してください。

特徴量ごとの作用

特徴量ごとの作用は、主に次の目的で使われます。

- ・ モデルを改善する（個々の特徴量と予測ターゲットとの関係性を把握する）
- ・ モデルの限界を理解する

❶リーダーボードの中から、どのようなモデルができているか知りたいモデルを1つ選んで、その名前をクリックします。

❷「解釈」タブをクリックします。

❸「特徴量ごとの作用」タブをクリックします。

❹「特徴量のインパクトを有効化」ボタンが表示された場合は、ボタンをクリックします。

計算が終わると、図2.3.13のようになります。2つのグラフが左右に並んでいます。左側の棒グラフは特徴量のインパクトと同じです。それぞれセレクタになっており、クリックして選択すると、右側にはその選択された特徴量に関するグラフが表示されます。

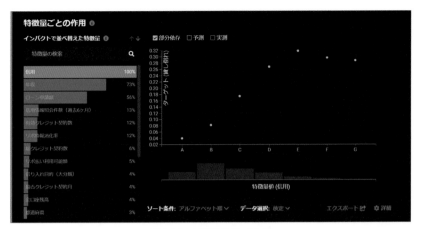

図 2.3.13：特徴量ごとの作用

○ 部分依存

　特徴量ごとの作用での黄色い点と線は、「部分依存」と呼び、選択した特徴量だけを変化させた時に予測ターゲットがどのように変化するかを示します。傾向が感覚と合っているかチェックして、もし意外な傾向が見られる場合には、どうしてそのようになるかを説明できるか、考えてみましょう。

❶左側の棒グラフの「年収」をクリックしてみましょう。
　「貸し倒れの予測」において、年収が変わると貸し倒れ確率がどのように変わるかがわかります。例えば、以下の図の場合、年収が高くなるほど貸し倒れ確率が低くなる傾向が見られます。これは、感覚と合っていますね。

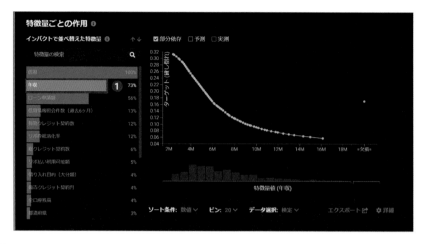

グラフの縦軸のレンジに注意

　DataRobot はグラフを描画する際、なるべく上下いっぱいに表示されるように、縦軸を調整します。グラフを見る時は、目盛りの最小値と最大値を確認して、どれぐらいのレンジがあるかを確認しましょう。

◯ モデルの予測精度の悪い領域の確認

❶「予測」と「実測」をクリックしてチェックを入れます。

　青線が予測値、オレンジ色の線が実測値です。「貸し倒れの予測」の場合、年収が高くなればなるほど、予測値も実測値も貸し倒れ率が下がっていて、全体的な傾向は良いのですが、高年収の領域では予測値と実測値との乖離が大きくなってきています。下のヒストグラムを見てみると、サンプル数が少なく、そのことが乖離の大きさに起因しているように見えます。こうした予測値と実測値との乖離が大きい領域では、以下のように対処することが考えられます。

・ 高収入帯は別のモデルにする
・ モデルだけを用いず、人手を介した運用にする

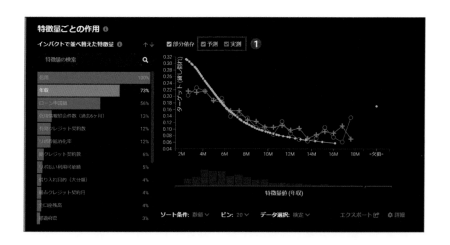

ワードクラウド

　DataRobot にはモデルに関するインサイトが得られる機能がほかにもたくさんあります。そのうちの１つが、**ワードクラウド**です。ワードクラウドは、テキストデータの中の数ある語句（ワード）から、どのような語句（ワード）がどれだけ予測に効いているかを可視化してくれる機能です。

❶最上部にある「インサイト」タブをクリックします。
❷「ワードクラウド」をクリックします。

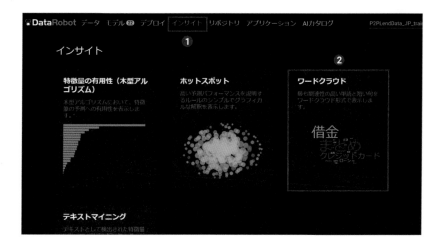

❸上部にあるドロップダウンメニューから、ワードクラウドを見たいテキスト型の特徴量を含む
モデルを選択します[※3]。

　上の図は、「貸し倒れの予測」において「勤務先」を含むモデルの1つを選択した場合の例です。
勤務先に含まれるどの単語が貸し倒れにどう影響するかが可視化されています。文字の大きさと
色には、表2.3.4のような意味があります。

	説明
文字の大きさ	サンプル数の多さ
文字の色	赤ければ赤いほど、予測ターゲットが大きくなる方向に強く影響する 青ければ青いほど、予測ターゲットが小さくなる方向に強く影響する

表2.3.4：ワードクラウドの文字の大きさと色

　nanは欠損値を意味します。今の場合、勤務先欄が未記入なので、おそらく無職と推察されます。
濃い赤ですので、ローン申請の承認には慎重にならざるを得ません。それに対して、株式会社に
勤務している方や公務員の方のローン申請は比較的安全と言えます。

※3　同じ特徴量に対してモデルが複数ある場合は、より上位にあるモデルを選択してください。

ホットスポット

　ホットスポットは、モデルで学習した結果をもとにして、複数の特徴量を組み合わせたルールを作るのに役立つ機能です。DataRobot 固有のブループリントである RuleFit Classifier により生成されるインサイトです。ルールは軽量でシステムに組み込みやすく、人手による運用が可能です。しかし、多数の特徴量からルールを作り出すのは困難なため、ホットスポットを使ってルールを生成します。

❶最上部にある「インサイト」タブをクリックします。
❷「ホットスポット」をクリックします。

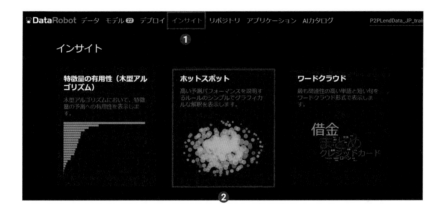

❸「平均相対ターゲット率」をクリックして、平均相対ターゲット率の降順にソートします。

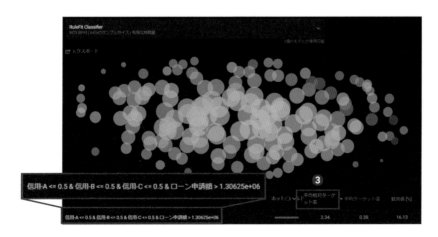

ホットスポットは、手順❸の図のように、円の集合で表現されます。1つの円が1つのルールです。円の大きさと色には、ワードクラウドと同様に表 2.3.5 のような意味があります。

	説明
文字の大きさ	そのルールに当てはまるサンプル数の多さ
文字の色	赤ければ赤いほど、予測ターゲットを大きくする方向に効くルール 青ければ青いほど、予測ターゲットを小さくする方向に効くルール
円の近さ	ルールの近さ

表 2.3.5：ホットスポットの内訳

ルールの見方を、前ページの手順❸の図の一番上のルールを使って説明します。

信用 -A <= 0.5 & 信用 -B <= 0.5 & 信用 -C <= 0.5 & ローン申請額 > 1.30625e+06

は、表 2.3.6 の条件を AND したものです。

ホットスポットのルール	説明
信用 -A <= 0.5	信用が A ではない（二値の場合、0.5 以下は False）
信用 -B <= 0.5	信用が B ではない（二値の場合、0.5 以下は False）
信用 -C <= 0.5	信用が C ではない（二値の場合、0.5 以下は False）
ローン申請額 > 1.30625e+06	ローン申請額が 1,306,250 円より多い

表 2.3.6：ホットスポットのルールの見方

また、平均相対ターゲット率などの意味を表 2.3.7 に示します。

ホットスポットの項目	値の例	説明
平均相対ターゲット率	2.34	平均ターゲット率／全体の正例の割合 この値が大きいほど、正例をより良く抽出できる、有効なルールであることを示す
平均ターゲット率	0.38	このルールに当てはまるサンプルの中の正例の割合
観測値 [%]	16.13	このルールに当てはまるサンプルの割合

表 2.3.7：ホットスポットの項目

モデルの実運用化

予測データの準備

　予測データの形式は、教師データと同じでなければなりません。そのため、モデルで使用している特徴量はすべて含まれている必要があります。仮に値が欠損であっても、特徴量として含めるようにしてください。ただし、予測ターゲットを表す列はなくても問題ありません。

GUI による予測の実行

　DataRobot では、GUI を使って簡単に予測を実行することができます。

○ しきい値の設定（オプション）

　二値分類モデルにおいて、予測結果に対して正例または負例のラベルを付ける場合は、予測を実行する前にこのステップを実行して、ラベルを付けるためのしきい値を設定してください。例えば、「貸し倒れの予測」においては予測値として貸し倒れ確率が得られますが、それがある値よりも大きい場合と小さい場合とで処理やアクションを変える場合は、しきい値を設定してラベルを付けた方が処理が簡単になる場合があります。

❶最上部にある「モデル」タブをクリックします。

❷リーダーボードの中から予測を実行したいモデルを 1 つ選んで、その名前をクリックします。

❸「評価」タブをクリックします。

❹「ROC 曲線」タブをクリックします。

❺「予測値に対して設定されたしきい値」の右端にある▨をクリックします。

❻しきい値を入力します（ここでは「0.248」としています）。

❼「更新」ボタンをクリックします。

予測の実行

❶「予測」タブをクリックします。

❷「予測を作成」[※1] タブをクリックします。

❸予測データのファイルを「予測データセット」の点線の四角の中にドラッグ＆ドロップしてください。データのアップロードが始まります。アップロードが終了すると、「予測を計算」が表示されます。

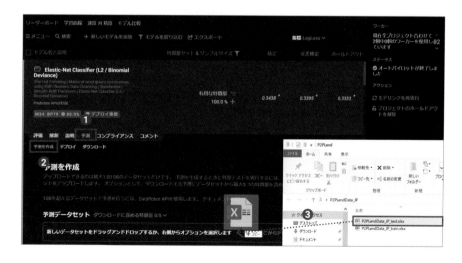

※1　バージョンによっては「テスト予測」と表記されます。

❹「予測を計算」をクリックして、予測を実行してください。計算し終わると、「予測をダウンロード」が表示されます。

❺「予測をダウンロード」をクリックして、計算された予測値をダウンロードしてください。CSV ファイル形式でダウンロードされます。

❻ダウンロードされたファイルをクリックして、Excel などで開きます。

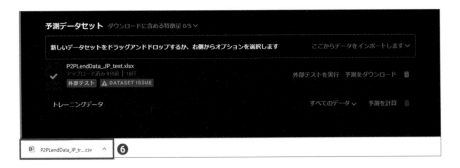

❼ファイルを開くと、予測結果が表示されます。

	A	B	C
1	row_id	Prediction	PredictedLabel
2	0	0.662074319	1
3	1	0.15425689	0
4	2	0.072005125	0
5	3	0.037733651	0
6	4	0.005404666	0
7	5	0.525558968	1
8	6	0.009120916	0
9	7	0.126477714	0
10	8	0.446417079	0
11	9	0.125114666	0

表 2.4.1 にそれぞれのカラムの意味を示します。「貸し倒れの予測」の場合は、「Prediction」が貸し倒れ確率になります。

カラム名	意味
row_id	予測データの行番号（0から始まる）
Prediction	予測ターゲットが正例になる確率
PredictedLabel	しきい値（デフォルトでは 0.5）より大きいか（1）、以下か（0）

表 2.4.1：予測結果の各カラムの意味

 COLUMN

ダウンロードに含める特徴量

上記でダウンロードした予測結果には、各行がどのレコードに対する予測値であるかを結び付ける情報としては「row_id」しかありません。これでは、後の処理が不便ですので、予測結果に予測データの一部の特徴量を含めてダウンロードできるようにします。例えば、「貸し倒れの予測」の場合は「申込 ID」を含めると良いでしょう。「予測をダウンロード」をクリックする前に、以下の処理を行いましょう。

❶「ダウンロードに含める特徴量」をクリックします。

❷入力欄に、予測結果に含めたい特徴量の名前の一部を入力します。

❸入力された文字列と中間一致する特徴量が表示されます。含めたい特徴量をクリックします。

CHAPTER

4

予測の説明

実際の現場では、予測結果が出たからといってすぐにその値が納得されるとは限りません。な
ぜそのような予測値が出たのかわからない結果に対して、納得は得にくいものです。DataRobot
には**予測の説明**という機能があり、予測値がどのような理由で算出されたのかを説明してくれま
す。

教師データによる予測の説明

❶予測に使用したモデルの「解釈」タブをクリックします。
❷「予測の説明」タブをクリックします。

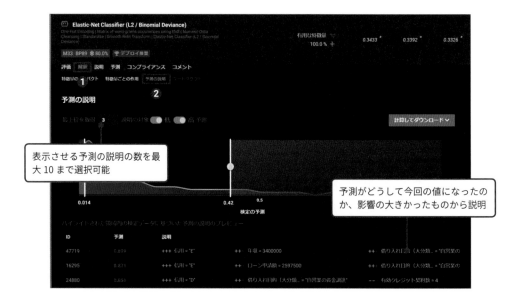

　予測の説明とは、それぞれの予測値が算出された理由を、影響度の大きかった特徴量から順に説明してくれる機能です。画面では、教師データのうち、貸し倒れ確率が高いと予測される上位3件、低いと予測される下位3件が、例として表示されています。貸し倒れ確率が最も高いローン申請は、借り手の「信用」がEととても低く、「年収」が340万円で、「借り入れ目的（大分類）」が自営業の資金調達のため、貸し倒れ確率が高いと予測されたことがわかります。

実行した予測に対する予測の説明のダウンロード　⌄

　もちろん、先程実行した予測の実行結果に関する予測の説明をダウンロードすることもできます。

❶デフォルトでは、予測分布のグラフの、赤いカーテンと青いカーテンの範囲のみしか計算されません。すべての予測値に対して計算されるように、「低」「高」のスイッチを両方とも OFF にして、カーテンを消します。

❷「更新」ボタンをクリックします。

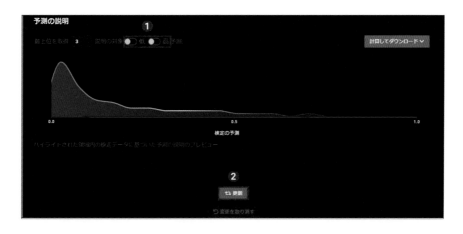

❸更新が終了したら、「計算してダウンロード」ボタンをクリックします。

❹表示されるメニューから、予測データの右側にある▦をクリックします。

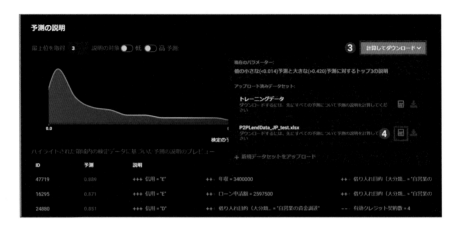

❺計算が終わると、「準備済の説明」と表示されます。再度「計算してダウンロード」ボタンをクリックします。

❻表示されるメニューから、予測データの右側にある⬇をクリックします。

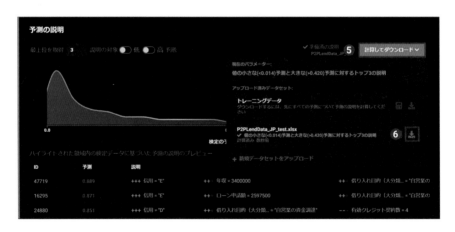

❼ダウンロードされた CSV ファイルをクリックして、Excel などで開きます。

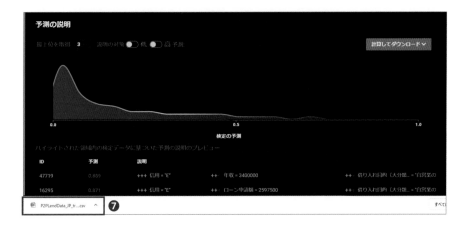

❽ファイルを開くと、予測結果が表示されます。

	A	B	C	D	E	F	G	H	I
1	row_id	Prediction	PredictedLabel	Explanation 1 Strength	Explanation 1 Feature	Explanation 1 Value	Explanation 2 Strength	Explanation 2 Feature	Explanation 2 V
2	0	0.662074319	1 +++		信用	'F'	++	ローン申請額	'3022500'
3	1	0.15425689	0 +++		信用	'D'	--	ローン申請額	'750000'
4	2	0.072005125	0 ---		信用	'B'	--	有効クレジット契約数	'7'
5	3	0.037733651	0 ---		信用	'B'	---	ローン申請額	'800000'
6	4	0.005404666	0 ---		年収	'20000000'	--	ローン申請額	'637500'
7	5	0.525558968	1 +++		信用	'E'	++	リボ枠он消化率	'0.936'
8	6	0.009120916	0 ---		年収	'9000000'	--	信用	'B'
9	7	0.126477714	0 +++		信用	'D'	--	有効クレジット契約数	'4'
10	8	0.446417079	0 ++		ローン申請額	'2400000'	++	年収	'4500000'
11	9	0.125114666	0 ---		信用	'A'	+++	ローン申請額	'3500000'

予測の説明で追加されたカラムには、表 2.4.2 のような意味があります。

カラム名	値の例	意味
Explanation n Strength	+++	その予測に対して n 番目に影響のある特徴量の影響の強さ
Explanation n Feature	信用	その予測に対して n 番目に影響のある特徴量
Explanation n Value	'F'	その予測に対して n 番目に影響のある特徴量の値

n：1, 2, …

表 2.4.2：予測の説明の各カラムの意味

これで、それぞれの予測に対して DataRobot がなぜそのように予測したのかが、1 件 1 件わかります。この予測結果を見せることで、現場の人は、このモデルを安心して運用していくことができそうです。

SECTION 03 デプロイ

デプロイ ⌄

　予測を実業務で使う場合、毎回手作業でファイルをドラッグ＆ドロップするよりも、システム
に組み込んで（プログラムから呼び出して）作業を自動化した方が、工数を大きく削減すること
ができます。

　DataRobotでは、モデルを使って予測を実行するAPIを簡単に作ることができ、モデルをシ
ステムに容易にインテグレーションすることができます。

❶リーダーボードの中からシステムに組み込みたいモデルを1つ選んで、その名前をクリック
　します。

❷「予測」タブをクリックします。

❸「デプロイ」タブをクリックします。

❹「新規デプロイを追加」ボタンをクリックします。

❺「デプロイに名前を付ける」で、何を予測するモデルのデプロイなのかが後でわかるように、
　デプロイの名前を入力します（ここでは「貸し倒れ予測」としています）。

❻「モデルをデプロイ」ボタンをクリックします。

❼「モデルデプロイ」というポップアップウィンドウが表示されたら、「デプロイを開く」ボタン
をクリックします。

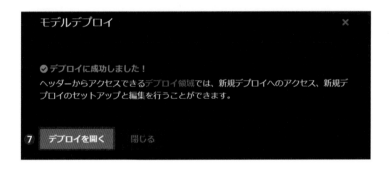

❽ 自動的に「デプロイ」タブに移動し、先程のデプロイが選択された状態になります。

❾「インテグレーション」タブをクリックします。

❿「スコアリングコード」をクリックします。

すると、API を使ってシステムからモデルにアクセスするためのサンプルコードが表示されます（図 2.4.1）。

また、入力形式を JSON に変えたり、予測結果に予測の説明を追加したりできます。Python のシステムであれば、「クリップボードにコピー」ボタンをクリックして、コードをほぼそのまま使うことも可能です。

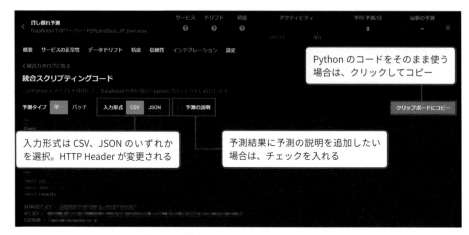

図 2.4.1：統合スクリプティングコードの画面

デプロイ後のインテグレーション

モデルをシステムの一部として組み込んで運用していくのは容易ではありません。例えば、モデルの精度が維持されているかどうかを監視する必要がありますが、従来のツールでこれを行うことは困難です。そこで、DataRobot では ML Ops（Machine Learning Operations）という仕組みを用意して、次のような機能を提供しています（図 2.4.2）。

○ 統一されたインターフェース

モデルを生成するツールは多岐にわたります。そのため、組み込み方も多岐にわたり、それが IT 部門の負担になってきました。DataRobot は、DataRobot 外で生成したモデルに対しても、DataRobot で生成したモデルと同じインターフェースでアクセスできるように API を生成する仕組みを提供しています。

◯ モデルの運用監視

　従来のツールでは難しかったモデルの精度を監視する仕組みを提供しています。実測値がすぐに得られるモデルに対しては、予測値と実測値を比較して精度を監視します。すぐに実測値が得られない場合は、データドリフトを監視することにより、精度が劣化するリスクを検知しようとします。

◯ モデルのライフサイクル管理

　モデルは、一度デプロイしたらそれで終わりではありません。精度の劣化、特徴量の追加や削除、など、さまざまな理由で置き換える必要が生じます。DataRobot は、新たに生成されたモデルで既存のモデルを置き換え、その履歴を管理する仕組みを提供しています。

◯ ガバナンス

　システムはさまざまなコンプライアンスに準拠しなければなりません。モデルもその例外ではなく、むしろ、倫理上厳しく見られる一面もあります。DataRobot は、コンプライアンスドキュメントの生成機能など、モデルのガバナンス機能を提供しています。

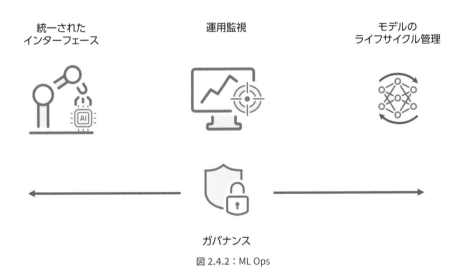

図 2.4.2：ML Ops

PART

3

CHAPTER 1

業務活用編：
予測の活用による
ターゲティング

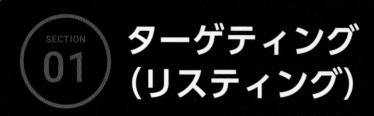

業務活用編では、これまで見てきた DataRobot の利用方法をもとに、実際の業務における DataRobot の活用について確認していきます。この Chapter では「どのような人が購入してくれるのか」といった、広く使われるテーマであるターゲティング（リスティング）について確認します。

ターゲティングとは

ターゲティングとは、一般的には特定の施策に反応する確率が高い対象を抽出し、リスト化する活動が該当します。

業界	扱うデータ	利用用途
流通・小売	販売履歴、およびキャンペーン履歴	DM に高確率で反応すると見込まれる顧客のターゲティング
コールセンター	顧客台帳、電話対応履歴	サービス離脱阻止が成功する可能性が高い顧客のターゲティング
金融	案件情報、貸付記録	貸付先として優良な投資案件のリスト作成
オンラインゲーム	稼働ログ、課金情報	課金する可能性が高い顧客のターゲティング
B2B 一般	営業情報、企業概要情報	成約見込みが高い営業先のリスティング

表 3.1.1：ターゲティング（リスティング）を利用する分析テーマの例

ターゲティングは表 3.1.1 が示すようにいろいろなビジネス課題に対して活用することができます。常に注意しなければならないことは、出力された結果であるリストを使って何らかのアクションを行うことができるか、つまり業務改善を行うことができるかどうかです。ここからは、DM を送付する先を決定するターゲティングを例に業務活用について確認していきます。

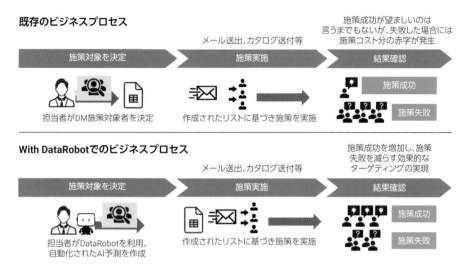

図 3.1.1：DataRobot を利用したビジネス改善

　図 3.1.1 では、ビジネスにおける既存のフロー、AI を使ったフローを示しています。既存の
ビジネスにおける販売活動が、AI を使うことでどのように変わるかを確認していきます。既存
のフローでは業務担当がダイレクトメールを誰に送るかを属人的なルールで判断していますが、
DataRobot、すなわち自動化された AI を利用することで過去のデータに基づいた高精度なモデ
ルを利用した判断を行うことができるようになります。これにより担当者の作業コストの低減、
また予測精度向上により効果的なマーケティングの実現がもたらされることとなります。

データを準備する

　モデリングにおいては手元にあるデータをすべて使うのではなく、運用上「いつの時点で予測
を実行して、いつ発生する事象を予測するのか」に注意する必要があります。

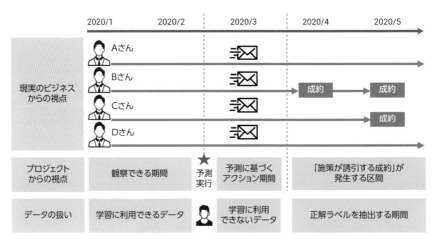

図 3.1.2：分析のフレームワーク

　例えば 2020 年の 6 月現在において、2 〜 3 ヶ月後（8、9 月）の成約を目指して 7 月のダイレクトメール送付先を決定するためのモデルを過去データから作成したいとしましょう。図 3.1.2 のように、過去のデータは 2020 年 5 月まで取得できているとすると、上記条件に相当する一番直近の条件は、2020 年 4 月 5 月の成約をターゲットとして予測するモデルということになります。このモデルを作るために、それ以前のデータを使うことになりますが、メール送付アクションに 1 ヶ月かかるという現実を考えると、直近の 3 月にならないと手に入らないデータ（3 月時点での購買金額、ポイント残高、サイト訪問回数、等）は使うことができないということがわかります。そのため、2020 年 2 月断面でトレーニングデータを作成することになります。

　このように過去データにおいても、実際の予測タイミングとアクション実施の時間軸に合わせた教師データの設計が必要です。分析用に用意した過去のデータは、ついそのすべてをそのまま利用できるようにも思えてしまいますが、このように手元にあるデータの利用についても整理して利用することが必要です。

　教師データを作る際は、実際のビジネスの現場の知識から予測対象と関係があると考えられる特徴量を幅広く集めていくことが重要です。これにより、現場の感覚から見ても納得感のあるモデルを得ることができるようになります。

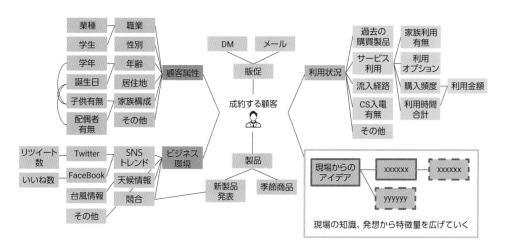

図 3.1.3：ターゲティングで重要となる特徴量

　図 3.1.3 には私達の経験からターゲティングで精度を上げる上で効果的であった特徴量の例を示しています。おそらく過去のサービス利用状況や、顧客の年齢、家族構成等は手がかりになることが多いでしょう。また、入学、卒業のお祝い品として購入されることがあるような商品に対する成約の予測であれば、単に顧客やその子供の「年齢」をそのままデータとして使うのではなく、「顧客の子供の学年」といったように、より現実の感覚に即した形にデータに加工していくことも非常に効果があります。このように、ビジネス現場での知識を、教師データとして形にしていきます。

DataRobot でのモデリング、予測の実行

　DataRobot にデータを投入した後は、予測ターゲットを設定し、また必要に応じてパーティションの設定を行い、オートパイロットを実行することで、これら一連のプロセスを実行することができるようになります（図 3.1.4）。

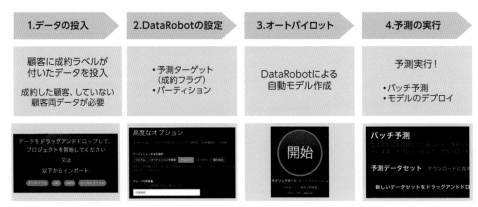

図 3.1.4：DataRobot による作業フロー

モデリングの結果を確認する

　モデルがどういった判断に基づいて予測を行っているのかを理解することは、そのモデルを利用できるかの判断根拠となります。また、社内でも関係者に説明を求められることが多いポイントです。DataRobot では、リフトチャート、予測の説明といった多くのツールを利用することで、そのモデルがどのような性質を持っているのかを容易に理解することができるようになっています（表3.1.2）。

参照 詳しくは 2-3-2「分類モデル・連続値モデル共通の精度評価」（P.138）

	確認事項	例
	精度の確認（リーダーボード） リーダーボード上位のモデルのスコアで精度を確認する。特に検定ー交差検定ーホールドアウトそれぞれで精度が大きく変わらずかつ精度が高いモデルが良い	AUC：0.66 （1 が上限、0.5 はランダム）
	精度の確認（リフトチャート） リフトチャートで精度を確認する。X 軸の確率順位に対して Y 軸が離れている箇所はその順位で外れていることを示す	確率上位は下振れ、確率下位は上振れ
	予測の説明 反応する確率が高い顧客、低い顧客について説明が出力される。納得感があるかの確認に加え、この出力から想像される「人となり」をより説明できる特徴量を検討する	前回購入から XX日、購入回数 YY、年齢 ZZ 歳の顧客が高確率で反応

表 3.1.2：DataRobot 上でのモデルの確認

予測値の活用方法

　モデルにより作成したリストを使ったアクションを確認します。DataRobot は「ダイレクトメールに反応して成約する確率」を算出します。これに基づいて送付を行うわけですが、ダイレクトメールを送ると言ってもいろいろな場合があります。シンプルに高確率で反応する顧客全員に送付を行う場合もあれば、予測される成約全体を何％カバーできるかをシミュレーションした上で送付したい、といったように少し複雑な場合もあるでしょう。

ゲインチャート、混合行列の活用

ゲインチャート　　　　混合行列　　　　予測値の活用イメージ

高確率対象の順番に送付
予算枠で利用を終了

確率分布、混合行列の活用

確率分布　　　　混合行列　　　　予測値の活用イメージ

決定したしきい値を上回る
対象に対してのみ送付

図 3.1.5：ターゲティングにより作られたリストの活用

　いずれの場合においても、DataRobot 上で利用できるさまざまなツールが意思決定に非常に役に立ちます（図 3.1.5）。混合行列や確率分布といったツールにより適切なしきい値を決定し、またゲインチャートを使うことで送付の効果をシミュレーションすることもできます。ビジネス課題に沿った適切なアクションを検討していきましょう。

参照 詳しくは 2-3-3「二値分類モデルの精度評価」（P.141）

CHAPTER

1

モデルの精度を維持するために

モデルを活用したターゲティングによりダイレクトメール送付を行う場合、次にモデリングを行う時に集められる教師データはモデルに基づく選択が行われた結果となります。こういったデータは偏りが発生しているため、モデルを作成しても正確に成約する顧客の特徴、特に、新しい成約のパターンを捉えることができなくなることがあります（図3.1.6）。

❶顧客データ（正解ラベル付き）すべてからのランダムサンプリングによりモデルを作成します。

❷上記すべてに対してDM反応確率をスコアリング、上位X件に施策実施します。ビジネスルール上、二度とDM送付対象にならない顧客はスコアリング対象にしません。

❸顧客データすべてからY件サンプリングします。

❹❸のリストから、❷のDM送付対象者を除外しDMを送付します。DM送付したインスタンスに正解ラベルが付与されます。

❺❹のリストに「❷のリストの中で❸でも選択されたインスタンスに❷の正解ラベルを付与したもの」を結合します。

❻❺のデータを利用して❻の再モデリングを実行します。

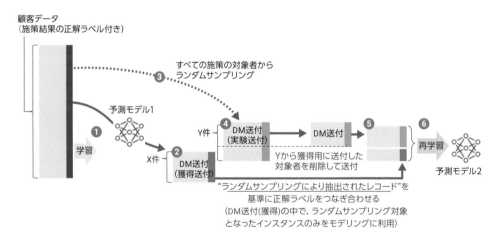

図 3.1.6：反復的なモデリング

例を挙げて考えてみます。「シニア層の特定の条件に当てはまる男性がダイレクトメールに反応する」ということを学習したモデルがあった時、このモデルを利用したダイレクトメール送付では主にシニア層の男性を対象に行うこととなります。そうすると、「若い層の特定条件に当てはまる女性がダイレクトメールに反応しやすい」という新たな成約パターンが実際には発生して

いたとしても、そもそもダイレクトメールを送っていないためにデータが得られなくなります。こうなるとこれら新たな成約パターンが教師データに含まれなくなるため、モデルで学習することができなくなるということが起きるのです。

　これを避けるためには、ダイレクトメール送付の実施対象はターゲティングにより選ばれた顧客のみでなく、ランダムに選んだ顧客に対しても実験的に実施しておくことが有効です。こうすることで、次回のモデリング時にはこれら両方の結果が反映された教師データを利用することができることになり、継続的に新たな成約のパターンをモデルに取り込んでいくことができるようになります。

ターゲティングの失敗例

　ターゲティングを行う時によくある失敗のケースを2つ紹介します。1つ目のケースでは、「高確率でダイレクトメールに反応する顧客」をAIにより予測しようとしています（図3.1.7）。この場合、すべての顧客を教師データに含めてモデリングを行うと、求めていた結果とは異なり、「よく購入してくれる優良な顧客は、将来もやはりよく購入してくれる」といった自明解に陥ってしまうことがあります。

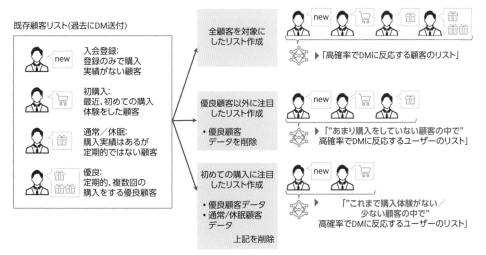

図3.1.7：データとビジネス課題の整合1

こういった失敗に陥らないためには、解決しようとしているビジネス課題を明確に意識して教師データを検討することが重要です。例えば、「顧客サイトに会員登録後、高確率でダイレクトメールに反応する顧客はどのような人か」を知るためのターゲティングを行う場合は、登録のみで止まっている顧客と、初回購買を行った顧客のみを教師データに含めてモデリングを行うことが必要になります。

2つ目のケースでは、「電話をかけて反応してくれる顧客」を知りたいとします（図3.1.8）。

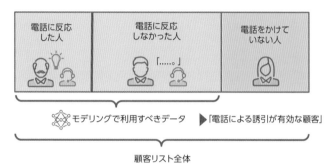

図3.1.8：データとビジネス課題の整合2

このようなケースに、「電話を一度もかけていない顧客」を教師データに入れることはできません。この場合に適切な教師データは、実際に電話をかけて反応した顧客、実際に電話をかけて反応しなかった顧客の2種類のデータが含まれることになります。

このように、解決しようとしているビジネス課題と、データによって表現される機械学習の問題との整合については常に注意が必要です。

PART

3

CHAPTER 2

業務活用編：
離脱予測とその要因

本 Chapter では「どのような人が退職する／サービスから離反するのか。その要因はどういったものなのか。」といったことを分析するための、離脱の予測と要因分析について確認します。

離脱予測とは

離脱予測は、従業員の退職の予測や、サービスからの顧客の離反といった文脈で適用される分析の手法です。

業界	扱うデータ	利用用途
組織内 労務管理	従業員情報、採用／退職記録	店舗スタッフを始め、従業員がいつ退職するかの予測
B2C 一般	販売記録、顧客情報 等	会員サービスから離脱する顧客の予測
製造	製造工程情報、センサーデータ 等	製造機器がいつ故障するかの予測
保険	顧客情報、保険請求記録 等	数年後に保険を解約する顧客の予測
ヘルスケア	患者情報、治療履歴情報 等	患者がいつ病気にかかるか、または入退院するかの予測
市場調査	企業財務情報、景気動向 等	どのような企業がいつ倒産するかの予測

表 3.2.1：離脱予測を利用する分析テーマの例

離脱予測は表 3.2.1 が示すようにいろいろな課題への応用が考えられます。この Section では、従業員の退職予測を例にその活用を確認していきます。

既存のビジネスプロセス

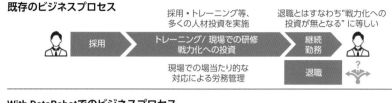

With DataRobotでのビジネスプロセス

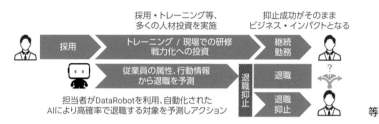

等

図 3.2.1：DataRobot を利用したビジネス改善

　図 3.2.1 では、ビジネスにおける既存のフロー、AI を使ったフローを示しています。ここからは、既存のビジネスにおける人材管理が、AI を使うことでどのように変わるかを確認していきます。従業員の採用には採用コストがかかり、また、業務遂行のためには教育コスト等が発生します。従業員が退職するということは、これらの潜在的なコストが無駄となるということでもあります。

　この課題を解決するために離脱予測を行うことで退職する可能性が高い従業員を特定するだけでなく、併せてその背景についての理解を深めることで、退職を阻止するための何らかのアクションに結び付けていくことができます。

データを準備する

　モデリングにおいては手元にあるデータをすべて使うのではなく、運用上「いつの時点で予測を実行して、いつ発生する事象を予測するのか」に注意する必要があります。

　離脱予測は、予測そのものが目的ではなく、その結果を抑止することが目的となります。そのため、抑止のアクションをする期間を十分に確保した予測をする必要があります。

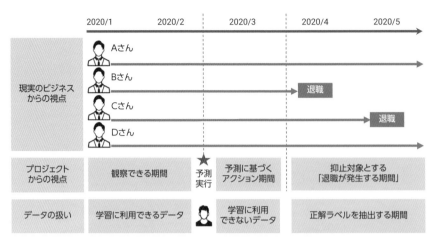

図 3.2.2：分析のフレームワーク

　例えば 2020 年の 6 月現在において、2 〜 3 ヶ月後（8、9 月）に退職する従業員を予測し、7 月に面談等で抑止施策を取るためのモデルを過去データから作成したいとしましょう。図 3.2.2 のように、過去のデータは 2020 年 5 月まで取得できているとすると、上記条件に相当する一番直近の条件は、2020 年 4 月 5 月に発生した従業員の退職をターゲットとして予測するモデルということになります。このモデルを作るために、それ以前のデータを使うことになりますが、面談等の抑止施策に 1 ヶ月を確保したいという現実を考えると、直近の 3 月にならないと手に入らないデータ（3 月時点での勤務時間、残業時間、有給取得回数、等）は使うことができないということがわかります。そのため、2020 年 2 月断面でトレーニングデータを作成することになります。

　このように過去データにおいても、実際の予測タイミングとアクション実施の時間軸に合わせた教師データの設計が必要です。

　教師データを作る際は、実際のビジネスの現場の知識から予測対象と関係があると考えられる特徴量を幅広く集めていくことが重要です。これにより、現場の感覚から見ても納得感のあるモデルを得ることができるようになります。

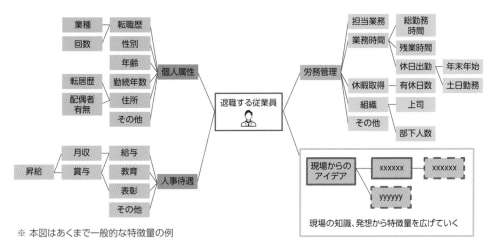

※ 本図はあくまで一般的な特徴量の例

図 3.2.3：退職予測で重要となる特徴量

図 3.2.3 は、私達の経験から離脱予測で精度を上げる際に効果的であった特徴量の例を示しています。おそらく有給取得回数、残業時間、給与等の人事待遇、等は手がかりになることが多いでしょう。また、例えば従業員向けに任意参加のトレーニングがあり、その結果スコアのデータがあったとします。

こういった場合にはそのスコアをそのまま特徴量として使うのも良いですが、「任意のトレーニングを受講している」というフラグとして加工して利用した方が、通常はデータ化が難しい従業員の「向上心の有無」を表すことができる、貴重な特徴量となることもあります。このように、ビジネス現場での知識を、教師データとして形にしていきます。

○ 汎化性能を持ったモデリングのために

在籍月数といった時間経過をモデルに反映させるために、同じ従業員のデータを複数回、時系列に沿って記録したデータを作ることがあります。この場合は DataRobot のグループパーティション機能を使って、**パーティションリーケージ**の回避、つまりモデル学習で使ったデータと非常に強い相関を持つデータが検定に利用されることによる見せかけの精度を避けることも、重要なポイントになります。

例として前述の図 3.2.2 の分析のフレームワークに従い、在籍月数ごとに従業員を登録した教師データを作ると、図 3.2.4 のようなデータとなります。

	日付	名前	性別	年齢	所属	在籍月数	担当SV	SV flag	オフィス	時給	…	退職
学習	2020/1	A	男	18	Support	25	中島	0	Tokyo	2250	…	F
	2020/2	A	男	18	Support	26	中島	0	Tokyo	2250	…	F
検定	2020/1	B	女	37	Service	37	直井	1	Tokyo	2700	…	T
	2020/2	B	女	37	Service	38	直井	1	Tokyo	2700	…	T

図 3.2.4：グループパーティションが必要な例

　2ヶ月後から3ヶ月後、といった未来の幅のある期間を予測する離脱予測を行う場合には、このように教師データの複数行に「退職する」という予測したい結果がターゲットとして記録されることになります。

　ここでのモデリングでの問題点は、Bさんの2020年1月のデータを見れば、2020年2月に退職していることがわかってしまうことです。

　これをそのまま層化抽出でパーティション分割して学習すると、1〜3行目で学習、ほかの行で検定が行われるということが起きます。その場合、「Bさんは退職する」ということのみ学習すれば検定データにおけるBさんの予測を正解できるため、退職する人の名前を記憶するようなモデルとなり、汎化性能を持たないモデルとなりかねません。

参照 詳しくは 2-2-2「パーティション」（P.108）

　これを解決するためには、2-2-2で紹介したグループパーティションが活用できます。パーティション設定で「名前」をグループキーに設定することで、「同じ名前のデータは同じパーティションにまとめる」という設定となり、「Aさんで学んだことをBさん、Cさん、Dさんで確認する」「Bさん で学んだことをAさん、Cさん、Dさんで確認する」という設定になるため、汎化性能を持つモデルをトレーニングすることが可能となります。

　なお、大企業においては同姓同名がいることも考えられるため、社員ID等、重複がありえないキーをグループキーとして設定することを推奨します。

DataRobot でのモデリング、予測の実行

　生成したデータをDataRobotに投入し、必要に応じてグループIDを設定してグループパーティションの設定などを行い、オートパイロットを開始します。これでモデルを生成して、予測まで行うことができます（図3.2.5）。

図 3.2.5：DataRobot による作業フロー

モデリングの結果を確認する

モデリングを行った後は、特徴量のインパクトなどのモデルのインサイトを確認します（図 3.2.6）。

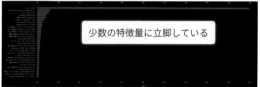

図 3.2.6：特徴量のインパクトによるモデルの確認

ビジネスの担当者や現場の担当者の視点から見た時、納得感のある結果になっているかを確認していきます。また、何か新たな特徴量のひらめきがあれば追加していくのも効果的です。

一方、「名前」や「部署」「勤務先」といった、特定の特徴量だけが非常に強く現れている場合は注意が必要です。前述の**パーティションリーケージ**が発生していないかについても確認します。離脱予測においてはモデルの妥当性を確認すると同時に、これらの結果から逆説的に、どのようなアクションが抑止にふさわしいのかを検討していくことにもなります。

退職する従業員を予測することは、さまざまに予兆行動が現れることも多く、高精度なモデルが成り立つことも少なくありません。しかし離脱分析においては精度良く予測することよりも、その退職という行動を思いとどまらせることができるかが重要です。本 Section では、抑止を行うためのインサイトを獲得し、利用していく流れを確認していきます。

退職要因の分析

離脱予測では「XX ヶ月以内に退職する可能性が高いのはどの従業員か」ということがわかります。従業員により退職を検討している理由はさまざまですが、退職を防ぐには、どのようなアクションを取るべきでしょうか？

DataRobot ではモデルを使って予測を行うだけではなく、退職に対して強い影響を与えているかもしれない要因の候補を確認できます。これらの情報から真の要因を考えやすくなり、それにより効果的な退職抑止を行えます（図 3.2.7）。

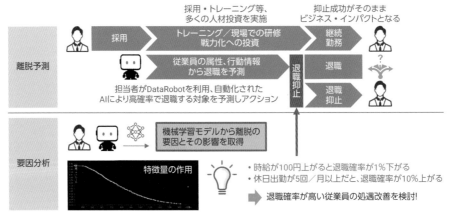

図 3.2.7：抑止アクションにおけるインサイトの活用

例えば「時給が高い人は退職の確率が低い傾向がある」「休日出勤が多い人は退職の確率が高い傾向がある」といった関係性のインサイトを得られるため、因果関係といえる関係性があるかどうかを考えやすくなります（因果関係の例：「時給が XX 上がると退職の確率が YY%下がる」）。

このように、どのような理由（要因）で退職する可能性が高くなるのかを分析し、理解を進めていくことを、要因分析と呼びます。

退職する従業員を予測することと合わせて、成立したモデルから要因分析を進め、抑止するためのアクションに反映していきます。

モデルからインサイトを得る

DataRobot では、モデルからのインサイトを視覚的に確認することができます（図 3.2.8）。

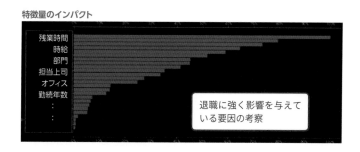

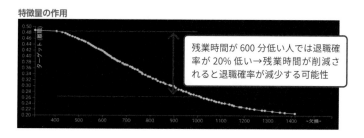

図 3.2.8：モデルから得られるインサイト

「特徴量のインパクト」では、どのような特徴量が退職に対して影響を及ぼしているかを確認します。例えば残業時間や、休暇を申請して却下された件数、クレーム対応時間といったものが重要な特徴量として現れてきます。次に「特徴量の作用」では、これら特徴量の変化が退職するリスクとどのような関係性があるのかを確認できます。例としては、「残業時間が 10 時間（600 分）少ないと、退職の確率が 7%低い」といった内容のインサイトを確認することができます。また「予

測の説明」では、これらの要素が予測対象の個人においてそれぞれどの程度強く影響しているのかを確認することができます。

抑止アクション検討時の注意点

モデルが示すインサイトを確認する時には、離脱予測を行う時と、抑止アクションを目的とした離脱要因分析を行う時で大きく異なる着眼点があります。それが変更できる特徴量かどうかです。

離脱予測分析
- ビジネス知識の観点から、有効とされている特徴量に違和感がないかを確認する
- より予測に役立つと考えられる特徴量の発想を広げる

離脱要因分析
- 成立したモデルの中で有効とされている特徴量の中から、変更できる特徴量に着目して確認する
- その特徴量が変化することの影響に着目し、ビジネス上でのアクションを検討する

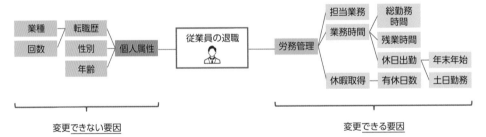

図 3.2.9：変更できる／変更できない要因の違い

例えば、退職が多くなる年齢がわかったとしても、従業員の年齢を変更することはできません（図 3.2.9）。性別、性格等についても同様のことが言えます。これらについてのインサイトから導くことができるアクションは、「高年齢層の退職は少ないので積極的に採用した方が良い」といったものとなります。

しかし、担当業務や勤務時間、給料といった要素を退職抑止のために変更することは不可能ではありません。これらインサイトを使うと、「この従業員には、給料を少し上げ、残業時間をこの程度まで少なくすることを提案することが退職抑止をする上で効果的と考えられる」といったように、抑止アクションの内容をより具体的することができるようになります。

これらをしっかりと理解することで、抑止のための面談等をより効果的なものとしていくことができます。

参照 詳しくは 2-3-7「モデルの解釈とインサイト」(P.154)

セグメントの分割

要因分析においては、要因と結果の関係性をより解釈しやすくする目的で、「要因と結果の両方に影響を与えると思われる因子」でデータをサブグループ（群）に分割し、各群で別々にモデリングするケースが多くあります。

例えば、残業時間や担当業務が退職の要因と考えられ、一方、部門や職位は残業時間・担当業務（要因候補）と退職率（結果）の両方に影響を与えているというドメイン知識があるのであれば、データを部門あるいは職位のセグメントごとに分割した上でモデルを作成し、それぞれのインサイトを確認していきます。

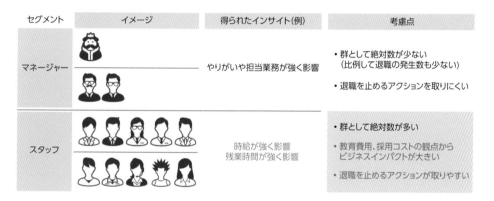

介入を行う上では、ビジネス上でのインパクト(利益改善効果) が多いところから着手

図 3.2.10：モデルから得られるインサイト例

また図 3.2.10 が示すように、一般的な会社の組織構造であれば、マネージャー層は数が少なく、スタッフ層は数が多くなります。また、その中でも採用、教育といったコストがある程度かかっているシニア層のスタッフは、退職時のインパクトが大きいと言えます。このようなセグメントに集中してモデリングを進めることはモデルの解釈性を高められることに加え、抑止アクションから導かれる効果も大きくすることができるようになります。

CHAPTER

2

PART

3

CHAPTER 3

業務活用編：
需要予測と
その利用

DataRobot 時系列分析機能

　本 Section では、DataRobot の時系列分析機能を利用しています。時系列分析機能のライセンスが利用できない場合は表示されない画面、機能が含まれています。

　DataRobot の時系列分析機能は、この Chapter で取り扱う需要予測のように「1 ヶ月先から 2 ヶ月間の日ごとの売上予測」といった分析を行う上で非常に強力な機能です。

需要予測とは

　需要予測とは、将来のある時点で必要とされる物事の量を予測する分析を指します。時間の遷移に沿って変化する連続値を予測する、とも言い換えることができ、非常に多くの使い道があります。

業界	扱うデータ	利用用途
流通・小売	販売履歴、商品情報 等	製品／消費財の販売量の予測
B2C	入電記録、キャンペーン情報 等	コールセンターにおける入電量の予測
ユーティリティ	使用量動向、天候情報 等	電力・ガスといった公共インフラにおける消費量の予測
オンラインサービス	システムログ、キャンペーン情報 等	EC 基盤運営のためのトラフィック量の予測
金融	トランザクションログ 等	金融サービスにおける取引量の予測
製造	製造記録、入出荷記録 等	将来に必要とされる製造量の予測
運輸	入庫／出庫記録、天候情報 等	輸送貨物量の増減の予測

表 3.3.1：需要予測を利用する分析テーマの例

表 3.3.1 にあるように、流通業においてある期間の中での商品販売量を予測することや、コールセンターにかかってくる電話のコール数を予測することも、需要予測の分析です。需要予測は直感的に非常に役に立ちそうに思えますが、実際にその需要を予測できた時、ビジネス上本当に有用であるのか、を考えることが非常に重要です。

ここからは、小売業界における商品販売量の予測を例にビジネス上での活用を考えてみます。

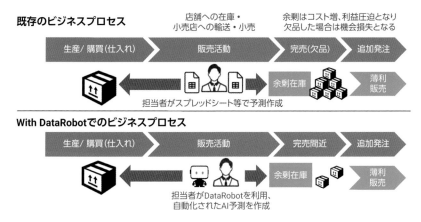

図 3.3.1：DataRobot を利用したビジネス改善

これまでは人間がさまざまなルールに従い商品が何個売れるのかを予測し、発注、仕入れや在庫配備を決定していました。これを DataRobot、すなわち AI を使ったプロセスに置き換えることで、予測精度が向上し、欠品リスクや、余剰在庫による薄利販売での利益圧縮リスクをカバーできるようになる可能性があります。また、店舗の運営管理においては、スタッフ数の調整を行うことで人件費を削減できる可能性もあります（図 3.3.1）。

このように、実施する需要予測により、どのようなアクションが可能となり、それによりどのような効果を得ようとしているのか、常に事前に考えることが重要です。

データを準備する

　時系列モデリングをする時は、時間の遷移に沿ったデータを準備します。この時、利用できるデータ、利用できないデータの区分に加え、分析対象の粒度についても適切に設定する必要があります。

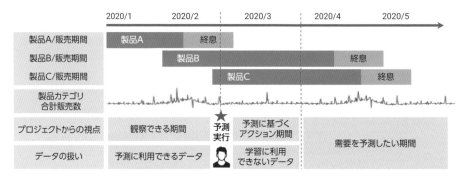

図 3.3.2：時系列データの準備

　例えば 2020 年の 6 月現在において、2 ～ 3 ヶ月後（8、9 月）の需要を予測し、7 月に在庫配備やスタッフ調整等を行うためのモデルを過去データから作成したいとしましょう。図 3.3.2 のように、過去のデータは 2020 年 5 月まで取得できているとすると、上記条件に相当する一番直近の条件は、2020 年 4 月 5 月の需要をターゲットとして予測するモデルということになります。このモデルを作るために、それ以前のデータを使うことになりますが、在庫配備やスタッフ調整等に 1 ヶ月を確保したいという現実を考えると、直近の 3 月にならないと手に入らないデータ（3 月時点での販売数、天候情報等）は使うことができないということがわかります。そのため、2020 年 2 月断面でトレーニングデータを作成することになります。

　また、分析の粒度についても考慮が必要です。商品の入荷数を決めるための予測であれば、商品 A、商品 B、商品 C といった、商品分類の最小単位の細かなレベルで予測をする必要があるでしょうし、販売スタッフの配置を決めるための予測であれば、商品カテゴリで集計した単位での予測で十分ということもあります。一般的に、分析の粒度を細かく設定すればするほど、モデリングの難易度は上がります。そのためビジネスで必要とさせる適切な分析の粒度を設定することは、時系列のモデリングにおいて非常に重要なポイントです。

　実際にターゲットとする予測の粒度と時間の軸が決まったら、予測したい需要の変動を説明できると思われる特徴量を、現場の知識に従って幅広く集めます。

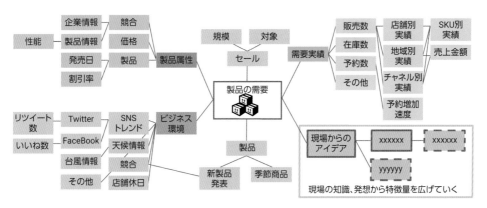

図3.3.3：需要予測で重要となる特徴量

　図3.3.3 は私達の経験から需要予測で精度を上げる際に効果的であった特徴量の例を示しています。

　おそらく過去の販売数、商品の価格、また店舗の休日、等は強い手がかりになることが多いでしょう。ほかにも、例えば販売現場での知識として「連休の最終日の売れ行きが多くなる」というのであれば、「連休最終日フラグ」を作成して教師データに入れる等、現場の知識を柔軟に取り込んでいきましょう。予測精度の向上は、どれだけ現場の知識を多く吸い上げた教師データを作れるかにかかっています。

　次に、時系列予測の特徴的なデータ形式を確認します。

	日付	製品	世代	重さ	ブランド	販売月数	インセンティブ	チャネル	性能	カメラ	バッテリー	画面	実績
系列A	2020/1	AA	最新	18	MaxValue	10	0	Type1	90	64	24	4.5	23334
	2020/2	AA	N/A	18	MaxValue	11	0	Type1	90	64	24	4.5	48423
	2020/3	AA	N/A	18	MaxValue	12	0	Type1	90	64	24	4.5	12423
系列B	2020/2	BB	最新	36	MaxValue	1	0	Type1	120	128	36	7.2	4922
	2020/3	BB	最新	36	MaxValue	2	1	Type1	120	128	36	7.2	9402
	2020/4	BB	最新	37	MaxValue	3	1	Type1	120	128	36	7.2	4055

時間軸　　　　　　　　　　　　　　　　　　　　　　　　予測対象

図3.3.4：時系列データのイメージ

　図3.3.4 は時系列分析を行う際のデータ形式を示しています。

　時系列予測を行う場合の教師データは、必ず時間を示す特徴量を含みます。図3.3.4 においては、「日付」の列が該当します。

　次に特徴的なのが、系列です。図 3.3.3 で確認したように商品ごとの予測が粒度として必要なのであれば、製品 A、製品 B といった系列を表す情報を入れることになります。製品カテゴリで集計した販売数を予測する場合には系列は不要となり、予測対象は日付ごとの集計値が入ることになります。単一の系列に対するモデリングを単一時系列、複数の系列に対するモデルを複数時系列と呼びますが、DataRobot の時系列分析機能では、これらについても簡単な設定のみで自動的にモデリングを行うことができます。

　また、時系列のモデリングを行う上で重要な特徴量は、予測対象自身の過去の情報です。すなわち、「1 ヶ月前の実績」「過去 1 週間の平均」「過去 3 日間の移動平均」といったものです。これらの特徴量を手動で作成していくのは非常に手間がかかりますが、DataRobot の時系列分析機能は全自動でこれらの作業を行い、モデル作成に取り込んでいくことができます。

DataRobot でのモデリング、予測の実行 ⌄

　教師データの準備ができれば、DataRobot でのモデリングは非常に簡単です。

　データを投入し、必要な設定を行うことで自動的にモデリングが開始され、予測を行うことができるようになります。時系列分析機能であっても、DataRobot は常に同様の使い勝手で利用することができます（図 3.3.5）。

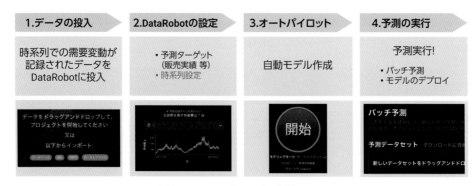

図 3.3.5：DataRobot による作業フロー

　DataRobot での時系列モデリング設定は大きく分けて 3 点ありますが、非常に簡単に行うことができます（図 3.3.6）。

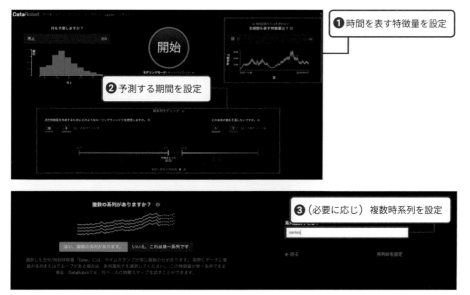

❶時間を表す特徴量を設定

❷予測する期間を設定

❸（必要に応じ）複数時系列を設定

図 3.3.6：時系列モデリング設定

　予測対象と時間を表す特徴量を設定し、どれくらいの時間の範囲の予測が必要なのか（例：2 ヶ月後から 30 日間等）、どの範囲の時間はモデリングに利用できないのか（例：1 ヶ月後までのデータは利用できない）を設定します。最後に、複数時系列のモデリングの場合は系列の設定を行いますが、時間を表す特徴量を設定すると、DataRobot は複数系列の設定については自動的に検知してくれます。

結果を確認する ⌄

　DataRobot で時系列モデリングを行うと、作られたモデルを評価するために、時間の遷移に沿ってどのように予測と実測が変化しているかを示す「時系列の精度」を確認できます（図 3.3.7）。
　オレンジ色の線が実績、青い線がモデルが予測した線となっていて、時間軸に沿った需要の動きをモデルがどの程度捉えているのかを視覚的に確認することができます。

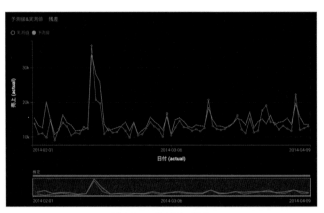

図 3.3.7：時系列の精度

　また、「時系列の精度」では予測が実測を捉えられていない期間も同様に確認することができます。これは時系列モデルの精度改善を行う上で非常に重要なヒントとなります。予測が当たっていない期間に起きていたことで、教師データに含められていない情報は何かという検討を進め、教師データの特徴量として補足していくことでモデルは大きく精度向上します。

　特徴量を追加した場合は、再度 DataRobot によりモデリングを行い、この時系列の精度の画面で改善を確認します。需要推移をうまく捉えるモデルが生成できたら、将来の期間に対して予測を行います（図 3.3.8）。

DataRobot 時系列機能による予測

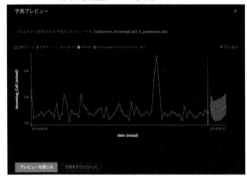

DataRobot が出力する結果（例）

日付	予測値
2014/6/15	14225
2014/6/16	12225
2014/6/17	12355
2014/6/18	12510
2014/6/19	12531
2014/6/20	12522
2014/6/21	13264

図 3.3.8：時系列の予測

　DataRobot は設定した時間区切り（日付単位等）に対し予測値を出力します。また、出力の前には DataRobot の画面上で予測のプレビューを過去の実績と結合したグラフとして表示することも可能であり、これにより予測が現場の感覚から見て妥当であるかを考察することができます。

業務活用編：
異常検知とその活用

本 Chapter では機械の故障、患者の容態変化など、記録されてるデータの中から異常な値を見つけ出すために広く使われる分析である異常検知について確認します。

異常検知とは

異常検知とは、何らかの状態の変化、特に機械の故障等、異常発生を検知することを指します。

利用分野	業界	扱うデータ	利用用途
防犯	IT	アクセスログ	ネットワークやデータベースへの攻撃の検知
	金融／保険	トランザクション	不正検知
監視	IT	システムログ	サーバー／ネットワーク機器の故障・異常検知
	製造	工場監視センサー	機械、設備、製品の故障検知
	ヘルスケア	ヒト監視センサー	患者の容態異変の検知
訂正	-	手入力データ	ヒューマンエラー検知
	-	観測記録	観測エラー検知

表 3.4.1：異常検知を利用する分析テーマの例

表 3.4.1 が示すように、異常検知は非常に広い用途で利用されている分析です。

例えば製造業では機器の不調や故障をいち早く見つけることは歩留まり向上のために重要です。そのために、稼働データを使った異常検知の取り組みが広く行われています。また、ヘルスケア分野では、患者の容態変化を検知するために異常検知が利用されています。本書では、IT運用の分野にて、大量のサーバー機器の予防保守の観点で利用される機器故障検知を例に解説を進めます。

実際のビジネスの現場で使われる例を確認してみましょう（図 3.4.1）。データセンター等でのサーバー運用の現場では、DataRobot のような AI がない環境では過去の経験に基づいたルール

を利用し、検知した異常の兆候に対してアラートを出すという運用が一般的に行われています。

しかし、この方法では新しい異常パターンへの対応が限定的にならざるを得ないのが現状です。

既存のプロセス

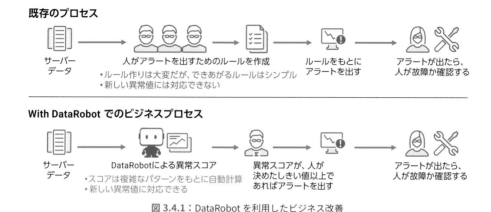

図 3.4.1：DataRobot を利用したビジネス改善

DataRobot を使うと、データに基づいて自動的に「異常の度合い」をスコア付けできるようになります。このスコアを利用して故障の確認を行ったり、予防保守の判断に利用することが可能になります。新たに発生する異常のパターンや、複数の測定値が複雑に影響する異常パターンについても対応ができるようになるだけでなく、人手では対応しきれない量のデータに対する判断を実現できるようになります。

データを準備する

異常検知を行う機械学習の技術は、大きく分けて 2 種類あります（図 3.4.2）。

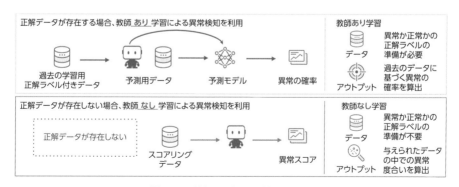

図 3.4.2：教師あり学習と教師なし学習

　1つ目は、「教師あり学習」と呼ばれるものです。異常あり、異常なしのラベル（正解ラベル）が付いている過去のデータが利用できる場合は、教師あり学習は非常に良い選択肢です。教師あり学習では、過去に起きたことを判断基準にしてこれから起こることを予測するため、過去の事象に基づいた客観的なスコアを得ることができます。

　これに対して、「教師なし学習」と呼ばれる技術があります。教師なし学習では、正解データが存在しない状態で、手に入れることができたデータの中からそれぞれの異常の度合いを計算し、異常スコアを算出します。一般的に教師あり学習の方が精度や運用の面で有利と言われていますが、ログデータ等から機器の異常検知を行う場合には正解ラベルが記録されていないデータを扱う必要があることも多いのが現実です。

　本 Section では DataRobot を使った教師なし学習を行う方法について確認していきます。

　異常検知を行う場合においては、サーバー機器の故障や不調の前兆となると考えられる特徴量を現場の知見に基づき多角的な視点から収集することが、納得感のある結果を得るために重要です。

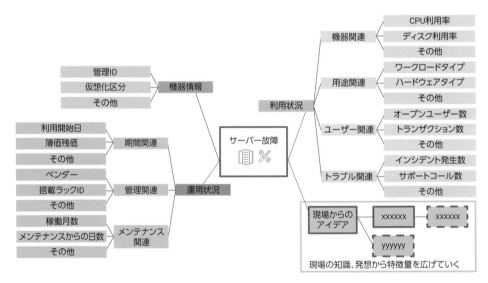

図 3.4.3：異常検知用データ作成の検討

　図 3.4.3 は私達の経験からサーバー機器の異常検知で精度を上げる際に効果的であった特徴量の例を示しています。CPU 利用率、トランザクション数、これまでのサポート対応の回数、等は手がかりになることが多いでしょう。

　機器が稼働している温度が故障に影響する、というドメイン知識がある場合には、サーバーの稼働温度を特徴量とするのも良いですが、データセンターの中での設置場所と空調のムラが反映される「搭載ラック ID」等を入れることも有効なことが多くあります。

DataRobot での異常検知の実行

教師なし学習を行う手順を確認します（図 3.4.4）。ほかの分析とは異なり、ターゲットの設定、異常スコアの確認等に特徴的な点があります。

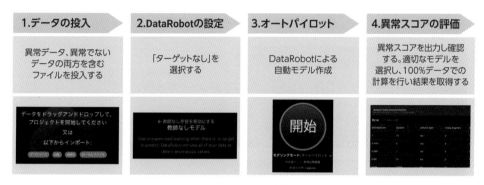

図 3.4.4：DataRobot による異常検知分析フロー

教師なし学習を行う異常検知用のデータには正解ラベルが付与されていないため、予測のターゲットを設定することはできません。画面上で「ターゲットなし」を設定すると、DataRobotは教師なし学習を行うと判断し、異常検知モデルの実行を行います（図 3.4.5）。

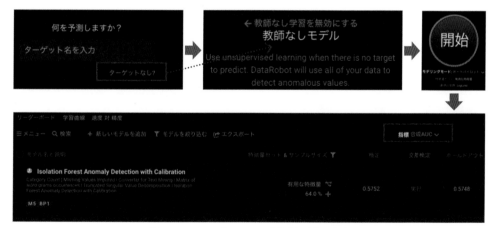

図 3.4.5：DataRobot による異常検知分析の設定

CHAPTER

4

213

結果を確認する

　生成された異常検知モデルは、リーダーボードに精度順に表示されます。正解ラベルがないのに、なぜ精度が計算できるのか、と不思議に思われる方もいるかもしれません。

　DataRobot は合成 AUC という、仮想的な評価指標をデータから計算します。これを用いてモデルの精度評価を行うことで利用者にモデル判断の手がかりを提供します。

特徴量のインパクト
どの特徴量が異常度の算出に影響を及ぼしているかを
確認することができる

予測の説明
「予測の説明」タブで個々の異常スコアを説明可能
また、「予測の説明」タブで予測の分布も確認可能

図 3.4.6：異常検知モデルの評価

　また DataRobot では異常検知モデルについても特徴量のインパクト、予測の説明等を利用することが可能です（図 3.4.6）。

　これらの機能を使ってモデルの性質を確認すると同時に、ビジネスの実態に即しているかどうかを確認していきます。

次に、モデルが計算した異常スコアについても確認します。

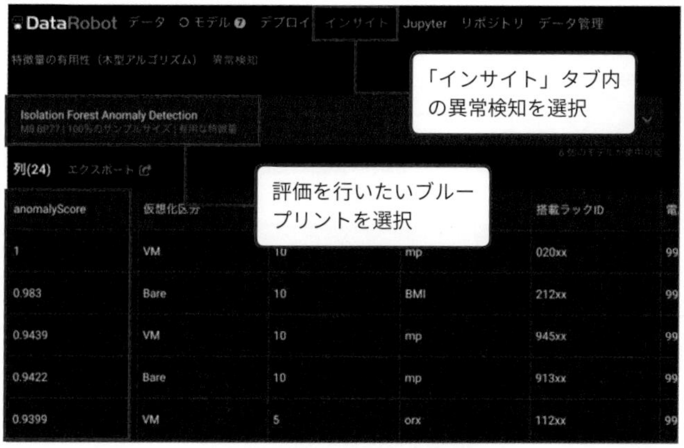

図 3.4.7：異常スコアの確認

　図 3.4.7 は DataRobot の「インサイト」タブ、異常検知メニューの画面です。ここで確認できる「anomalyScore」の列が異常スコアです。これは最もスコアが高いものは 1、低いものが 0 として相対評価されています。

　評価を行うブループリントを切り替え、選択したモデルの異常スコアを確認します。ビジネス上の視点から、異常と見なされるべきデータの異常スコアが高くなっており、現場の感覚に沿ったものとなっているかどうかという視点でモデルを確認していきます。

　どのモデルの異常スコアを利用するかを決定した後は、すべてのデータに対して異常スコアを計算し、取得を行います。

　図 3.4.8 にその手順を示します。

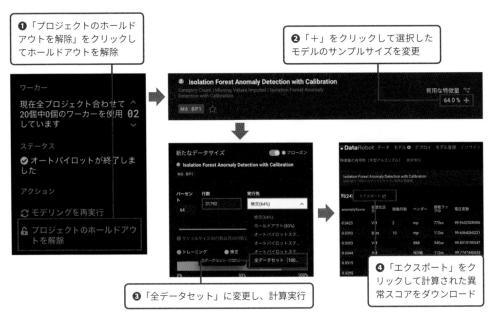

❶「プロジェクトのホールド アウトを解除」をクリックし てホールドアウトを解除

❷「＋」をクリックして選択した モデルのサンプルサイズを変更

❸「全データセット」に変更し、計算実行

❹「エクスポート」をク リックして計算された異 常スコアをダウンロード

図 3.4.8：全データに対する異常スコアの計算

　DataRobot のホールドアウトを解除し、選択したモデルのサンプルサイズを 100% に変更し再トレーニングを行います。完了後、インサイトの画面より全データに対する異常スコアをダウンロードすることができるようになります。

　実際の運用では、取得されたこの異常スコアにしきい値を定めます。異常スコアがしきい値を超えている場合には実際に稼働状況を確認したり、もしくは予防保守の検討を行う等、ビジネス上のアクションにつなげていきます。

異常検知モデル運用の改善

　異常検知分析をビジネス上に実装する過程では、少しずつでも正常データと異常データを見分ける、正解ラベルを記録していくことを運用に組み入れることが重要です。

　このような正解ラベルが付与されたデータがあると、発生した故障が実際に異常スコアを用いて検知できていたかを確認することが可能になり、異常検知モデルの評価が容易になっていきます。

　また、正解データが集まってくると、より客観的な評価が可能となる教師あり学習を利用した分析への移行も視野に入れることができるようになっていきます。

INDEX

● 著者プロフィール

中山晴之（なかやま・はるゆき）

DataRobot のデータサイエンティスト。需要予測、出店計画、退職者予測などの
プロジェクトでデータ準備からデプロイまで実施した経験を活かし、主に流通・
外食の AI 活用を支援。

小島繁樹（こじま・しげき）

DataRobot のデータサイエンティスト。システム基盤構築に関する経験を保有。
主に流通・小売・通信業界のお客様を担当し、モデルの開発からビジネス実行に
わたる支援を実施。

川越雄介（かわごえ・ゆうすけ）

DataRobot のデータサイエンティスト。名古屋市在住。中部地方や西日本を中心
に、主に製造業・ユーティリティ企業の AI 活用推進を支援。

香西哲弥（こうざい・てつや）

DataRobot のデータサイエンティスト。メガバンクと外資系コンサルティング
ファームでの勤務を経て現職。主に金融業界での AI 導入に向けた組織改革から
数理モデリングの技術まで幅広く支援。

● 著者・監修者プロフィール

シバタアキラ（DataRobotJapan チーフデータサイエンティスト）

人工知能を使ったデータ分析によるビジネス価値の創出が専門分野。世界のトッ
プデータサイエンティストが働く DataRobot, Inc. にて、日本事業の技術責任者。
ロンドン大学高エネルギー物理学博士課程修了。ニューヨーク大学でのポスドク
研究員時代に加速器データの統計モデル構築を行い「神の素粒子」ヒッグスボゾ
ン発見に貢献。ボストン・コンサルティング・グループにて戦略コンサルタント、
白ヤギコーポレーションの創業者兼 CEO を経て 2015 年より現職。

装丁デザイン	大下賢一郎
本文デザイン	株式会社リブロワークス・デザイン室
編集・DTP	株式会社リブロワークス

DataRobotではじめるビジネスAI入門
[DataRobot Japan 公式ガイドブック]

2020年7月20日　初版第1刷発行

著　　　者	シバタアキラ、中山晴之（なかやま・はるゆき）、小島繁樹（こじま・しげき）、川越雄介（かわごえ・ゆうすけ）、香西哲弥（こうざい・てつや）
監　　　修	シバタアキラ
発　行　人	佐々木 幹夫
発　行　所	株式会社 翔泳社（https://www.shoeisha.co.jp）
印刷・製本	株式会社シナノ

ISBN978-4-7981-6687-2
Printed in Japan